經營顧問叢書 ⑵⁴⁸

企業戰略執行手冊

蔡廣福　編著

憲業企管顧問有限公司　　發行

《企業戰略執行手冊》

序 言

　　「戰略決定企業成敗」，實施戰略管理，有利於企業確立長遠的發展方向和奮鬥目標，能提高企業各項管理工作的效率，提高企業的經濟效益。

　　一家企業怎樣才能成爲百年老店？怎樣才能成爲基業長青的偉大公司？在競爭日趨激烈的市場中，最具影響力的全球商業大師邁克爾‧波特教授告訴我們：生存和發展是企業永恆的主題，戰略變得越來越重要；沒有戰略的公司不能成爲偉大的公司，戰略對企業的生存和發展起著舉足輕重的作用。

　　作者長期擔任企業戰略顧問，本書《企業戰略執行手冊》是針對企業如何規劃、執行企業戰略而撰寫。

　　本書從認識戰略、剖析自己、評估環境、戰略分析、戰略描述、戰略實施和戰略控制爲邏輯框架，結合中外案例，著重討論戰略管理各個階段所採取的實用有效的分析原理和方法，描述了從管理實踐中概括出來的多種通用戰略，對提高公司管理者的戰略思考和決策能力大有裨益。

　　本書是解讀企業戰略的書籍，針對企業領導人的現狀及需求，把高深的戰略理論通俗化，並列舉許多生動的案例，幫助企業家理解、消化、吸收，讓企業家們以世界一流的戰略思維去探尋企業基業長青之路。

《企業戰略執行手冊》

目 錄

第 一 章

企業戰略的企劃

一、企業經營戰略的概念及其產生

(一)經營戰略的概念

戰略一詞來源於希臘字 strateges，其含義是「將軍」。當時，這個詞的意義是指揮軍隊的藝術和科學。今天，在經營中運用這個詞，是用來描述一個組織打算如何實現它的目標和使命。大多數組織爲實現自己的目標和使命，可以有若干種選擇，戰略就與決定選用何種方案有關。戰略包括對實現組織目標和使命的各種方案的擬定和評價，以及最終選定將要實行的方案。

企業要在複雜多變的環境中求得生存和發展，必須對自己的行爲進行通盤地謀劃。20 世紀 60 年代以前，在某些企業中雖然也存在著類似於這種謀劃的活動，但所使用的概念不是經營戰略，而是長期計劃、公司計劃、企業政策或企業家活動等。直到 20 世紀 60 年代，美國的《企業戰略論》一書出版後，經

營戰略才以一種具有科學性的概念，開始在企業管理學中使用。

關於經營戰略的含義，安索夫認爲主要是關心企業外部勝於企業內部，特別是關係到企業生產的產品構成和銷售市場，決定企業幹什麼事業，以及是否要做。美國的彼特·F·德魯克認爲經營戰略回答兩個問題：我們的企業是什麼？它應該是什麼。總之，經營戰略關係著企業未來的發展方向、發展道路、發展行動等。

還有人認爲經營戰略是用來指導企業行爲的一系列規則。並認爲這種規則有四類：

1.企業現在和將來經營成效的測量標準，即戰略要達到的目標。

2.發展企業同其外部環境關係的規則。包括企業將開發什麼樣的產品和技術，產品在何處銷售、銷售給誰，企業怎樣獲得勝過競爭者的優勢等。

3.在企業內部建立內部關係和運轉過程的規則。

4.企業用於指導其日常經營活動的規則，稱爲作業政策。

根據人們對經營戰略的認識，我們把經營戰略定義爲：經營戰略是企業面對激烈變化、嚴峻挑戰的環境，爲求得長期生存和不斷發展而進行的總體性謀劃。它是企業戰略思想的集中體現，是企業經營範圍的科學規定，同時又是制定規劃(計劃)的基礎。更具體地說，經營戰略是在符合和保證實現企業使命條件下，在充分利用環境中存在的各種機會和創造新機會的基礎上，確定企業同環境的關係。規定企業從事的事業範圍、成長方向和競爭對策，合理地調整企業結構和分配企業的全部資

源。從其制定要求看，經營戰略就是用機會和威脅評價現在和未來的環境，用優勢和劣勢評價企業現狀，進而選擇和確定企業的總體、長遠目標，制定和抉擇實現目標的行動方案。

在這裏需要強調說明，經營戰略是一種以變革為實質的概念。現代企業，生存在激烈變化、嚴峻挑戰的環境中，要在這種環境中生存發展，必須通過不斷革新來創造性地經營企業。也就是通過實施具有革新實質的經營戰略，使企業從適應（或不適應）目前的環境狀況，轉變成適應未來的另一種環境。

要變革企業，就要正確地回答以下四方面的問題：

1.應該變革什麼？

2.應該向什麼方向變革？

3.應該變革到什麼程度？

4.怎樣實現這些變革？

這就是經營戰略所要解決的本質問題。

總之，企業在變化激烈、挑戰頻生的環境中，必須探索未來的動向，尋求未來事業的機會，變革企業現在的經營結構，選擇通向未來的經營途徑。

(二)經營戰略的產生

經營戰略是對企業長遠發展的全局性謀劃。在早期的企業管理中沒有經營戰略，它是商品經濟發展到一定階段時的產物，是在企業外部環境範圍擴大、內容複雜、變化頻繁，從而使企業的生存和發展經常面臨嚴峻挑戰的情況下產生的。它是20 世紀 50 年代首先在美國產生的，後來傳到德國、日本，現

在已在更大範圍傳播開來。

　　從 50 年代起，美國進入了一個更新的時代(有人稱爲後工業時代，也有人稱爲突變時代)。進入 50 年代後，美國的需求有了很大變化，企業的經濟、政治、文化和自然環境與過去比競爭更加激烈，科學、技術高速發展，從而使企業面臨著許多更爲嚴峻的挑戰和許多難以預料的突發事件。這個時代的主要特點是：

1.需求結構發生變化

　　通過工業時代的生產發展，基本消費品的需求已經達到飽和，社會已從對生活「數量」的需要轉向對生活「品質」的需要，需求發生了多樣化的轉變。這就引起了許多基本消費品生產增長速度的減慢，許多老企業經營非常困難，出現了許多提供高級消費品的新行業。

2.科學技術水準不斷提高

　　在第二次世界大戰中研究開發的科學技術，一方面導致許多行業陳舊過時，另一方面又使一些以技術爲基礎的新行業產生。由於技術革命的加快和技術革新週期的縮短，推動企業大力開展研究與開發，從而增加了企業的技術密度，更進一步加速了產品和製造技術的發展，生產了許多屬於「創造需要」性的新產品。同時，也加劇了企業間的競爭。

3.全球性競爭日益激烈

　　在這個時期，不僅產品的出口數量和範圍有了很大擴展，而且資本輸出，特別是國外開工廠也發展到新的水準，跨國公司迅速發展。這樣就使爭奪國外資源、國際市場的競爭激烈。

這種對國際市場的重新瓜分，既形成了對企業的威脅，又爲企
業提供了新的機會。

4.社會、政府和顧客等提高了對企業的要求和限制

由於企業一味重視獲利，給社會帶來許多消極影響，如經
濟發展波動大，通貨膨脹，壟斷行爲，對消費者操縱、誇耀性
和欺騙性廣告，售後低質服務，環境污染等等。這一切引起了
社會、政府、顧客對企業的不滿，從而提高了對企業的要求，
並提出了許多對企業的限制。

5.資源短缺、突發事件不斷出現等

這些特點，使企業外部成爲一種特別龐大的、複雜的、不
熟悉的、變化頻繁的、難以預料的環境。使企業經常面臨著許
多生死攸關的挑戰。企業僅靠推斷型的管理，再也不能保證自
己的生存和發展了，而必須對新的環境進行深入分析，做出新
的回應，採用新的管理方式，來謀求自己的生存和發展。企業
經營戰略就是在這種條件下應運而生的。

(三)經營戰略的特點

1.全局性

企業的經營戰略是以企業的全局爲對象，根據企業總體發
展的需要而制定的。它所規定的是企業的總體行動，它所追求
的是企業的總體效果。雖然它必然包括企業的局部活動，但是，
這些局部活動是作爲總體行動的有機組成部份在戰略中出現
的。這樣也就使經營戰略具有綜合性和系統性。

2.長遠性

企業的經營戰略，既是企業謀取長遠發展要求的反映，又是企業對未來較長時期（五年以上）內如何生存和發展的統盤籌劃。雖然它的制定要以企業外部環境和內部條件的當前情況為出發點，並且對企業當前的生產經營活動有指導、限制作用，但是，這一切也都是為了更長遠的發展，是長遠發展的起步。凡是為適應環境條件的變化所確定的長期基本不變的行動目標和實現目標的行動方案，都是戰略。而那種針對當前形勢靈活地適應短期變化，解決局部問題的方法都是戰術。

3.競爭性

企業經營戰略是關於企業在激烈的競爭中如何與競爭對手抗衡的行動方案，同時也是針對來自各方面的許多衝擊、壓力、威脅和困難，迎接這些挑戰的行動方案。它與那些不考慮競爭、挑戰而單純為了改善企業現狀、增加經濟效益、提高管理水準等為目的的行動方案不同。只有當這些工作與強化企業競爭力量和迎接挑戰直接相關、具有戰略意義時，才能構成經營戰略的內容。應當明確，市場如戰場，現代的市場總是與激烈的競爭密切相關的。經營戰略之所以產生和發展，就是因為企業面臨著激烈的競爭、嚴峻的挑戰，企業制定經營戰略就是為了取得優勢地位，戰勝對手，保證自己的生存和發展。

4.綱領性

企業戰略規定的是企業總體的長遠的目標、發展方向和重點、前進道路，以及所採取的基本行動方針、重大措施和基本步驟，都是原則性的、概括性的規定，具有行動綱領的意義。

必須通過展開、分解和落實等過程，才能變爲具體的行動計劃。

經營戰略的上述特性，決定了經營戰略與其他決策方式、計劃形式的區別。根據上述經營戰略的特性，我們又可以說，經營戰略是企業對具有長遠性、全局性、抗爭性和綱領性的經營方案的謀劃。

經營戰略的四種特性，決定了經營戰略決策的以下特點：

1.其決策的對象是複雜的，很難把握住它的結構，並且是沒有先例的，對其處理上也沒有經驗可循。

2.其面對的問題常常是突發性的、難以預料的。所依靠的是來自外部的關於未來如何變化的很少的情報。

3.其決策的性質直接涉及到企業的前途。進行這種決策不僅要有長時間的準備，而且其效果所持續的時間也長，風險也大。

4.評價困難，難以標準化。

二、戰略企劃過程

戰略管理是指對一個組織的未來方向制定決策和實施這些決策。它大體可分解爲兩個階段：戰略規劃和戰略實施。戰略規劃是指下列諸方面的決策：

1.規定組織的使命；

2.制定出指導組織去建立目標、選擇和實施戰略的方針；

3.建立實現組織使命的長期目標和短期目標；

4.決定用以實現組織目標的戰略。

戰略實施是指下列諸方面的決策：

　　1.建立實現戰略的組織結構；

　　2.確保實現戰略所必要的活動能有效地進行；

　　3.監控戰略在實現組織目標過程中的有效性。

表 1-1　　戰略管理過程

戰略規劃	規定組織使命	組織使命包括下列說明：哲學；為組織將要經營其業務的方式規定出價值觀、信念指導原則； 宗旨：決定組織正在執行或打算執行的活動，以及組織現在或期望的類型。
	制定方針	方針：指導組織活動的總則，它們概述了建立目標。選擇和實施戰略的框架結構。
	建立長期目標和短期目標	每期目標：規定實現組織使命時的預期成果，常指一個會計年以上的目標。 短期目標：執行性、年以內的目標，供管理者實現長期目標之用。
	鑑別戰略方案	戰略備選方案：實現組織長期目標和短期目標的若干可行選擇。
	選擇戰略	選定組織為實現長期目標打算採用的特定戰略或戰略組。
戰略實施	確定組織結構	制定適當的權力關係和組織單位，以實施選定的戰略。
	管理組織活動	確保完成戰略所必須的活動能有效地進行。
	監控戰略在實現組織目標中的有效期	決定戰略是否能使組織達到其目標。

表 1-1 說明戰略管理過程的步驟。儘管圖示各步驟是分離的和依次相聯的,但重要的是要注意到它們相互間存在相當程度的交叉。例如,建立長期目標和短期目標可能同時進行;同樣,方針的制定可與目標確定過程同時進行。此外,戰略管理的全過程必然有大量的回饋產生。比如,假設某一特定戰略未能實現組織的目標,除了其他原因外,還可能是因為確立的目標不現實,或選擇的戰略有錯誤。由於戰略管理過程各個步驟間的相互依賴性,在戰略未成功時,需要審查所有的步驟。同樣,當戰略取得成功時,也需要審查所有的步驟,以便確保未來的成功。

三、規定企業組織的使命

一個組織的使命包括兩個方面的內容:組織哲學和組織宗旨。所謂組織哲學,是指一個組織為其經營活動方式所確立的價值觀、信念和行為準則。國際商用機器公司前董事長華森論述了組織哲學的重要性,他說:

「我的論點是,首先,我堅信任何組織為了生存並獲得成功,必須樹立一套正確的信念,作為它們一切方針和行動的前提。

其次,我相信一個公司成功的最主要因素是其成員忠誠地堅持那些信念。

最後,我認為如果一個組織在不斷變動的世界中遇到挑戰,它必須在整個壽命期內隨時準備變革它的一切,唯有信念

卻永遠不變。」

他闡述國際商用機器公司(IBM)的哲學：

1.尊重個人。這雖是一個簡單的概念，但在我們公司，它卻佔去了管理者的大部份時間。我們在這方面所作的努力超過了其他任何方面。

2.我們希望在世界上的所有公司中，給予顧客最好的服務。

3.我們認為，一個組織應該樹立一個信念，即所有工作任務都能以卓越的方式去完成。有趣的是在華森表述這 3 條基本信念的 20 年後，該公司董事長說：「我們的技術、組織、市場經營和製造技術已經發生了若干次變化，並且還會繼續發生變化，但是在所有這些變化中，這 3 條基本信念依然如故。它們是我們順利航行的指路明燈。」所謂組織宗旨，是指規定組織去執行或打算執行的活動，以及現在的或期望的組織類型。明確組織宗旨，有關鍵性的作用。沒有具體的宗旨，要制定清晰的目標和戰略實際上是不可能的。此外，一個組織的宗旨不僅要在創業之初加以明確，而且在遇到困難或繁榮昌盛之時，也必須經常再予確認。例如，假定鐵路公司過去就明確其宗旨是在運輸業中建立穩定的地位(而不是嚴格限制在鐵路運輸業上)，它們就不會處於今天面臨的經濟形勢。事實上，南方鐵路公司(Southern Railway Company)確定的宗旨即是運輸服務，目前已擁有鐵路行業中最高的股金收益。該公司通過謹慎地收買其他鐵路的業務，以及維護其為顧客提供適用的運輸服務，達到了現在的地位。

湯塞德(Robert Townsend)把艾維斯汽車租賃公司(Avis

Rent-A-Car)的宗旨表述爲：「我們希望成爲汽車租賃業中發展最快、利潤最多的公司。」注意，這一宗旨規定著艾維斯公司的經營業務，它排除了該公司開設汽車旅館、航空線和旅行社業務的考慮。

當洛克菲勒(John D. Rockefeller)想出建立標準石油托拉斯的主意時，他的宗旨是要在煉油業中形成壟斷，他不惜採用種種擠垮競爭對手的手段，從而在很大程度上實現了這一宗旨。當然，洛克菲勒以及其他具有相同宗旨和手段的人的行爲，促成了 1890 年雪爾曼反托拉斯法的建立。

規定組織的宗旨是看它與顧客的關係，在這方面德魯克(Peter Drucker)曾有論述：「要瞭解一個企業，必須首先知道它的宗旨，而宗旨是存在於企業自身之外的。事實上，因爲工商企業是社會的細胞，其宗旨必然存在於社會之中。企業宗旨的唯一定義是：『創造顧客』。」

因此，要確定一個組織的宗旨，就得首先確定它現有的和潛在的顧客。在確定現有的顧客時，需要回答下列問題：

　1.誰是顧客？

⑴顧客分佈於何處？

⑵顧客爲何來購買？

⑶如何去接近顧客？

　2.顧客購買什麼？

　3.顧客的價值觀是什麼(即顧客購買商品時他或她期望得到什麼)？

在確定組織的潛在顧客時，需要回答下列問題：

1.市場發展趨勢及市場潛力如何？

2.隨著經濟的發展，消費風尚的改變，或競爭的推動，市場結構會發生什麼樣的變化？

3.何種革新將改變顧客的購買習慣？

4.目前，顧客的那些需求還不能靠現有產品和服務得到充分滿足？

在決定組織的宗旨時，需要考慮的最後一個問題是：組織的經營業務是否適當？是否應改變其經營業務？

四、制定方針

方針是指導組織行為的總則，它概述了建立目標、選擇戰略和實施戰略的框架結構。從邏輯上說，方針應來自組織的哲學。例如，華森在說明了國際商用機器公司的哲學以後，對該公司的一個方針作了如下概括：

「開放方針——公司的每一僱員都有權力向他願意找的任何人(包括最高管理層的成員)討論他所關切的管理活動或決策方面的問題。」

方針有助於確保組織中的一切單位按相同的基本準則來行動，也有助於組織內部各單位之間的協調和信息溝通。

方針的制定受到若干因素的影響。一個重要的因素是聯邦、州和地方政府。政府的法規在許多方面制約著組織的行動，諸如競爭(反托拉斯和壟斷)、產品標準(安全性和品質)、定價(效用)、僱人方式(公民權)、工作條件(職業安全與健康管理)、

工資（最低工資）、會計實務（所得稅規章）以及股票保險（證券交易委員會）。爲了引導僱員們遵循所有這些法規，組織應制定其方針。

競爭對手的方針也影響組織的方針，在諸如僱員工資、福利及工作條件等人事方針上更是如此。

在制定方針時，需要考慮的一個極爲重要的問題是，方針應有助於成功地實現組織的目標和戰略的實施。最常見的情況是，方針來自組織的歷史、傳統和早期的事件。環境狀況和組織目標的變化會導致組織方針的重新評價，以確定它們是否仍然適用或應加以改變。

五、長期目標和短期目標

長期目標規定著組織執行其使命時所預期的成果，它通常超出該組織一個現行的會討年。長期目標不能含糊和抽象，它是特定的、具體的和可以衡量的結果，如果組織要成功地實現它的使命，就必須取得這些成果。

組織目標因組織及其使命而異。儘管各組織的目標差異較大，但一般不外乎如下幾類：

(1)盈利能力；

(2)爲顧客、委託人或其他對象的服務；

(3)僱員的需要和福利；

(4)社會責任。

大多數組織在建立長期目標時可以考慮以下項目：

1.盈利能力

用利潤、投資收益率、每股平均收益、銷售利潤率等來表示。例如：

(1) 4 年內使稅後投資收益率增加到 15%。

(2) 3 年內使利潤增加到 1500 萬美元。

2.市場

用市場佔有率、銷售額或銷售量來表示。例如：

(1) 3 年內使銷售總額中的民用品銷售額增加到 85%，軍用品銷售額減少到 15%。

(2) 4 年內使×產品的銷售量增加到 50 萬單位。

3.生產率

用投入產出比率或單位產品成本來表示。例如：3 年內使每個工人的日產量(每天按 8 小時計)提高 10%。

4.產品

用產品線或產品的銷售額和盈利能力、開發新產品的完成期表示。例如：兩年內淘汰利潤率最低的產品。

5.財力資源

用資本構成、新增普通股、現金流量、流動資本、紅利償付和集資期限等來表示。例如：

(1) 5 年內使流動資本增加到 1000 萬美元。

(2) 3 年內使長期負債減少到 800 萬美元。

6.物質設施

用工作面積、固定費用或生產量來表示。例如：

(1) 3 年中把儲存能力增加到 1500 萬單位。

(2) 3 年內把工廠的生產能力降低 20%。

7.研究與創新

用花費的貨幣量或完成的項目表示。例如：5 年內以不超過 300 萬美元的費用，開發一種中價的發動機。

8.組織結構與活動

用將實行的變革或將承擔的項目來表示。例如：3 年內建立一種分權制的組織結構。

9.人力資源

用缺勤率、遲到率、人員流動率或有不滿情緒的人員數量來表示，也可用培訓人數或將實施的培訓計劃數來表示。例如：

(1) 3 年內使缺勤率降低到 8%。

(2) 4 年之內以每人不超過 400 美元的費用對 300 個工長實行 40 小時的培訓計劃。

10.顧客服務

用交貨期或顧客不滿程度來表示。例如：3 年內使顧客的抱怨減少 40%。

11.社會責任

用活動的類型、服務天數或財政資助表示。例如：3 年內我們對聯合行業的資助增加 30%。

一個組織不會在所有這些方面都定有自己的目標。宗教團體和其他非贏利性組織的目標顯然與私營企業組織不同。一般而言，凡在其成就和成果直接影響組織的生存和繁榮的那些方面，都需要建立長期目標。

長期目標必須支援組織的使命，而不是與之發生衝突。它

應清楚、簡潔和盡可能定量化，並且應足夠詳盡，使組織成員都能清楚地知道組織的意圖。長期目標應遍佈於組織內所有重要部門，而不要局限在某一領域。不同領域的目標可以相互制約，但它們應協調一致。最後，目標應是動態的，可以隨情況的改變而調整。

表 1-2　戰略企劃中常用的幾個概念

長期目標	規定著組織執行其使命時所預期的成果，通常超出該組織一個現行的會計年。
短期目標	是執行性目標，其時限常在 1 年以內，是管理人員用來實現長期目標的。
戰略管理	涉及到對有關組織未來方向作出決策和決策的實施。它包括兩個方面：戰略規劃與戰略實施。
戰略規劃	與下述決策有關：規定組織的使命、制定方針、建立目標和擬定達到組織目標的戰略。
戰略實施	與下述決策有關：確定實現戰略的組織結構、人員配備、領導和激勵、監控戰略在實現組織目標中的有效性。
組織使命	包括說明組織的哲學和宗旨。
組織哲學	為組織將要經營其業務的方式規定出價值觀、信念和指導原則
組織宗旨	決定組織現在的或打算進行的活動，以及組織現在的或預期的類型。
戰略	說明組織打算如何去實現自己的目標和使命，包括各種方案的擬定和評價，以及最終選定的將要實行的方案。
方針	是指導組織行動的總則，它概括了建立目標、選擇戰略和實施戰略的框架結構。

　　短期目標是執行性目標，其時限常在 1 年以內，是管理者用來實現組織的長期目標的。短期目標應來自對長期目標的深入評價，這種評價應按照各目標的輕重緩急順序進行。順序一旦確定，即能建立短期目標，以實現長期目標。

　　組織內各部門、各單位的長短期目標應以整個組織的長、短期目標為依據。組織中任何層次的長、短期目標必須從屬於上一級的長、短期目標，並與之協調。這樣的目標體系就能確保所有目標的一致性（即相互不矛盾）。

　　一些短期目標的例子如下：

　　1.下一年使利潤增長 5%。

　　2.本年第三季在德克薩斯州的達拉斯城開設辦事處。

　　3.本年內使我們教會成員增加 10%。

　　4.下一年開設 10 個新的零售商店。

　　長期目標和短期目標所起的作用都是指明組織實現其使命的方向。

六、競爭戰略

　　競爭是企業成敗的核心所在。競爭決定了一個企業對其行為效益有所貢獻的各項活動，例如，革新、具有凝聚力的文化或有條不紊的實施過程等等是否恰如其分。競爭戰略就是在一個行業裏（即競爭產生的基本角鬥場上）尋求一個有利競爭地位。競爭戰略的目的是針對決定產生競爭的各種影響力而建立一個有利可圖的和持之以久的地位。

　　競爭戰略的選擇由兩個中心問題構成。首先是從長期盈利能力和決定長期盈利能力的因素來看各行業所具有的吸引力。各個行業並非都提供同等的持續盈利機會，一個企業所屬行業的內在盈利能力是決定這個企業盈利能力的一個要素。競爭戰略的第二個中心問題是在一個行業內決定相對競爭地位的因素。在大多數行業中，不管其平均盈利能力怎樣，總是有一些企業比其他企業更有利可圖。

　　這兩個問題中任何一個都尚不足以指導對競爭戰略的選擇。在有非常吸引力的行業裏，一個企業如果選擇了不利的競爭地位，依然可能得不到令人滿意的利潤。與此相反，一個具有優越競爭地位的企業，由於棲身於一個前景黯淡的行業，從而獲利甚微，而且即便努力改善其地位也無濟於事。這兩個問題都不是靜止不變的，行業吸引力和競爭地位都在變化著。隨著時間的推移，行業的吸引力會增加或減少，而競爭地位則反映出競爭廠商之間的一場永無休止的爭鬥，甚至長期的穩定局面也會因競爭的變動而突然告終。行業吸引力和競爭地位兩者都是可以由企業來加以改變的，這也正是競爭戰略的選擇具有挑戰性和刺激性的地方。行業吸引力部份地反映了一個企業幾乎無法施加影響的那些因素，而競爭戰略卻有相當可觀的力量增強或削弱一個行業的吸引力。同時，一個企業也可以通過對其戰略的選擇顯著地改善或減弱自己在行業內的地位。因此，競爭戰略不僅是對環境做出的反應，而且是從對企業有利的角度去試圖改造環境。

　　競爭優勢歸根結底產生於一個企業能夠為其客戶創造的價

值，這一價值超過了該企業創造它的成本。價值是客戶願意爲其所需要的東西所付的價錢。超額價值來自於以低於競爭廠商的價格而提供同等的受益，或提供的非同一般的受益足以抵消其高出的價格而有餘。競爭優勢有兩種基本類型，即成本領先和別具一格。

心得欄

第 二 章

確定企業使命

　　每個企業都是爲實現某種特殊的社會目的或滿足某種特殊的社會需要而存在的，因而也承擔著相應的責任，並履行相應的使命。新創辦一個企業或在企業經營政策作出重大調整時，要做的第一件事就是確定企業的使命，戰略制定的第一步就是要明確企業使命。

一、成功的第一步：確定企業使命

　　爲了準確把握什麼是企業使命，我們要從分辨願景、使命和戰略目標開始。企業的願景、使命和戰略目標是三個不同層次的概念，它們的關係如圖 2-1 所示。
　　願景(Vision)：企業的願景是企業的戰略家對企業的前景和發展方向的一個高度概括的描述，這種描述在情感上能激起員工的熱情。願景是一個組織的領導用以統一組織成員的思想

和行動的有力武器。

圖 2-1　顧景、使命、戰略目標的關係

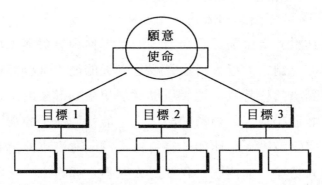

　　顧景由核心理念和對未來的展望兩部份組成。核心理念是企業存在的根本原因，是企業的靈魂，是企業精神，是企業的凝聚力，是激勵員工永遠進取的永恆的東西。未來展望代表企業追求和努力爭取的東西，它隨著企業經營環境的改變而改變。核心理念和未來展望就像是八卦圖的陰、陽兩極，二者對立統一，構成企業發展的內在驅動力。

　　核心理念由核心價值觀和核心目的構成。核心價值觀是企業最根本的價值觀和原則。比如，迪士尼的核心價值觀崇尚想像力和樂趣，寶潔的核心價值觀是追求一流產品，惠普的核心價值觀是尊重人。核心目的是企業存在的根本原因。比如，沃爾瑪的核心目的是「給普通人提供和富人一樣的購物機會」，迪士尼的核心目的是「給人們帶來快樂」，美國聯邦房屋抵押協會的核心目的是「使住房民主化，造福社會」。

　　未來展望由未來 10～30 年的遠大目標（Big，Hairy，Audacious Goal）和對目標的生動描述構成。遠大目標是激勵員

工的有力工具，它能統一人們的認識和激發人們的團隊精神和創造力。沃爾瑪在 1990 年制定的遠大目標是在 2000 年成爲銷售額達到 1250 億美元的公司，花旗銀行在 1915 年制定的遠大目標是成爲世界上服務最好和最大的世界性金融機構，波音公司在 1950 年制定的遠大目標是成爲最大的商用飛機製造商並把世界帶到噴氣機時代。遠大目標必須用生動形象的語言加以描述，才能激起員工的熱情和激情，才能得到員工的認同，才能使員工完全地投入。比如，福特把他的「讓汽車的擁有民主化」的遠大目標，描述成「我要爲大眾造一種汽車，它的低價格將使所有掙得相當工資的人都能夠買得起，都能和他的家人享受上帝賜予我們的廣闊大地。牛馬將從道路上消失，擁有汽車將會被認爲理所當然。」

　　使命(Mission)：企業使命是對企業的經營範圍、市場目標等的概括描述，它比企業的願景更具體地表明瞭企業的性質和發展方向。它回答這樣的問題：我們到底是什麼樣的企業？我們想成爲什麼樣的企業？誰是我們的客戶？我們應該經營什麼？企業只有非常明白自己的經營領域和客戶群才能把握住發展的大方向，才不至於誤入自己不熟悉的領域，才能避免脫離自己的客戶群。

　　戰略目標(Goals)：戰略目標是企業使命的具體化，是企業追求的較大的目標。比如，市場佔有率、利潤率、客戶服務、創新、生產率等。具體目標(Objectives)是戰略目標的具體化，是對戰略目標從數量上進行界定。例如，市場要達到 20%，資產收益率要達到 5%等。

　　從以上對願景、使命和戰略目標的區分中，我們發現，從根本上說,企業使命是使其區別於其他組織的存在理由。因此,確定使命,就能明確企業未來發展方向,能爲企業確定一條貫穿於各項業務活動的主線和一個相對穩定的經營主題,爲有效分配和使用企業資源提供一個基本的行動準則,避免向某些嚴重偏離企業發展方向的領域進行投資,從而做到目標明確、力量集中。確定使命,能使企業的各類利益相關者都有機會瞭解企業的經營宗旨、方向和目標,有利於協調內外部各種利益相關者,使大家的行動都統一到公司長遠目標上來,從而有助於形成共同的價值觀,有助於樹立團結奮發、積極進取的精神,有助於將組織的意圖轉化爲全體員工的具體行動,形成企業的整體力量。確定使命,還是確定企業戰略目標的前提,是選擇企業戰略方案的依據,只有明確地對企業使命進行定位,才能正確地樹立起企業的各項戰略目標,才能根據企業使命來確定自己的基本戰略方針、戰略活動的關鍵領域及其行動順序。因此,精心開發、清楚表述公司使命,對於戰略管理來說是至關重要的。

　　1975 年,美國 W·T·Grant 這個擁有 1000 家連鎖店、年銷售額達 20 億美元的零售商倒閉了,其中最大原因就在於它沒能明確公司使命這一根本性的關鍵問題。公司領導層在選擇西爾斯式的全套服務還是選擇凱瑪特式的折扣商店作爲發展方向的問題上,一直搖擺不定,最後什麼也沒做,公司就破產了。

　　在現實中,許多公司領導者整天忙於日常管理事務的細枝末節,而對公司使命的思考、確定卻不太重視,甚至草率從事。

往往只是到了公司出現嚴重問題甚至危機時，才開始迫不急待地重新審視公司使命。當然，亡羊補牢，未爲晚也，通過重新開發一個具有新意的、符合公司發展要求的使命並指導公司經營，來迅速扭轉危機局面，也不失爲「浪子回頭」。但是，一個具有遠見卓識的戰略決策者，決不會等到問題成堆甚至出現危機時，方才臨渴掘井，而應該在公司經營最成功時就居安思危，未雨綢繆。因爲，成功容易使人醉於現狀，貪圖安逸，不思進取甚至自滿自大，從而人變得疏懶了，效率也降低了。而此時，往往會對市場的飽和、競爭的加劇等外部條件的變化，視而不見，麻木不仁。由此可見，從戰略管理角度看，成功之時也就是危機潛伏之時。要保證公司持續發展，就必須在其最成功時開始重新思考公司使命。

二、警覺的波音公司

波音在 1990 年佔有了世界商用飛機業 54%的比率，910 億美元在手的訂單足以讓它在整個 90 年代忙於生產。波音是美國少數幾家仍然統治全球性重工業的企業之一。實際上，1990 年美國貿易收支裏 270 億美元的對外銷售收入，主要是波音的積極貢獻。可是，波音公司總裁 F・A・施朗茲不允許自己的企業就此止步，他尋求銷售量、資本回報、產品發展及生產技術的持續提高。此外，他對潛在的蕭條、國內外日益激烈的競爭、尋找熟練工人的困境及全球市場銷售的複雜性都保持著警覺。

波音的許多戰略，傳統上都基於勇於接受風險。1969 年第

一次著手製造 747 飛機, 就是一個巨大的風險, 它使波音在 1971
年由於訂單崩潰幾乎破產, 不過從此該飛機被證實是公司利潤
的主要來源, 後來對全世界航線都供不應求。當然, 747 也面
臨巨大的競爭, 當時參道公司的 MD-12 正是針對 747 的。

　　為了適應長途航線的需要, 波音公司又把大量賭注放在研
製能容納 350 人的新型 777 上。此時, 參道公司及歐洲空中客
車公司已接到了 300 億美元的訂單(MD-11 及 A330/340 兩種機
型), 而且最遲在波音 777 生產出來以前就能交貨。波音公司為
了爭得最大的目標客戶——聯合航空公司, 著重強調了其卓越
的品質和優良的客戶服務, 按照顧客的苛刻要求進行精心設
計, 最終贏得了這份合約。

　　波音公司時刻保持著這份警覺, 永遠警惕現有的機會和威
脅, 掌握全球市場新奇的變化, 絕不能僅僅因為 777 眼前的成
功而滿足。針對日本和歐洲正在加大力度設計一種安靜的、環
境優雅的超音速飛機這一情況, 波音公司為了保證其市場佔有
率, 曾經也考慮進入這一領域。飛機設計出來以後進行了評審,
評審結果認為, 將來人們對飛機速度的需求不一定是越快越
好, 因此, 對超音速飛機的需求量不一定大; 超音速飛機會產
生極大的聲響, 有時甚至會震碎建築物上的玻璃, 因此有些地
區可能會限制從空中飛過; 而且製造成本高, 飛行所需的燃料
價格高。所以, 公司決定這種超音速飛機暫不投入生產。

　　施朗茲總裁自己時刻保持警覺, 又想盡辦法讓全體員工認
識到, 成功是暫時的, 波音公司必須有危機感。

三、使命的表述

一般說來，企業使命在企業剛創立時並沒有用文字明確清楚地表述出來，有的常常是業主或企業家憑直覺產生的一些非常初步的設想，比如企業將在什麼區域、進入什麼業務領域、採用什麼技術、生產什麼產品或提供什麼服務等方面的設想。但是，隨著企業的發展壯大，戰略管理者就需要精心開發使命，清楚地表述使命，才能有效地反映公司發展的內在要求，為戰略管理提供依據和基礎。

如何表述企業使命，當然不存在唯一的最佳的方式，在長短、內容、格式等方面，都可隨著企業特定條件的不同而有所不同。但是，通過對現實例子的分析，我們可以發現，成功企業的使命表述，至少要包括三個方面內容或九個基本要素。

三個方面內容，包括企業生存目的、企業經營哲學和企業形象。

關於企業生存目的。美國著名管理學家德魯克認為，企業存在的主要目的是創造顧客，只有顧客才能賦予企業存在的意義。因此，決定企業經營什麼的應該是顧客，是顧客願意購買產品或服務才能使資源變為財富。雖然顧客所購買的是實實在在的產品，但顧客認為有價值的卻從來不是產品，而是一種效用，是一種產品或服務給他帶來的滿足程度。因此，我們必須把企業經營看成是一個顧客滿足的過程，而不是一個產品生產過程；任何產品都有一定的生命週期，都是短暫的，而市場和

顧客的需求則是永恆的。根據這一原理，在確定企業生存目的時，就應該說明企業要滿足顧客的某種需求，而不是說明企業要生產某種產品。例如，一家電腦公司可以將其使命定義為「生產電腦」，這樣可以清楚地表明企業的基本業務領域，但同時也限制了企業的活動範圍，甚至可能剝奪企業的發展機會。如果將其定義為「向顧客提供最先進的辦公設備，滿足顧客提高辦公效率的需要」，那麼，雖然表述相對比較模糊，但卻為企業的經營活動指明了方向，從而可以在未來電腦慘遭淘汰之時避免失去經營方向，避免失去經營領域的連續性。國際上一些著名的公司都是以企業的市場需求為導向來確定企業使命的。美國電話電報公司將企業使命定義為「提供信息溝通工具和服務而不是生產電話」；埃克森公司的企業使命強調「提供能源而不是出售石油和天然氣」；開利公司的企業目的「是為創造舒適的家庭環境而不是生產冷氣機」；哥倫比亞電影公司則「旨在提供娛樂活動而不是經營電影業」。

企業經營哲學是對企業經營活動本質性認識的高度概括，是包括企業的基礎價值觀、一致認可的行為準則及共同信仰等在內的管理哲學。它主要通過企業對外界環境和內部環境的態度來體現，對外可以包括企業在處理與顧客、社區、政府等關係的指導思想，對內可以包括企業對其投資者、員工及其他資源的基本觀念。例如，IBM 公司是沃森在本世紀初創立的，就像任何其他有抱負的企業家一樣，他渴望自己的公司在財務上取得成功，但他也想以此來反映自己個人的價值觀，並把這些價值觀載入史冊，使之成為公司發展的基礎。1956 年，當沃森

的兒子小沃森任 IBM 公司第二任總裁時，他重申了老沃森的經營哲學：必須尊重每一個人；必須為顧客提供盡可能好的服務；必須尋求最優秀、最出色的成績。這些經營哲學作為 IBM 公司的核心價值，受到了高度尊重和忠實執行，直接影響了公司的各項活動與政策。對 IBM 公司的發展歷史有所瞭解的人都一致認為，沃森的這些經營哲學所起的作用，遠遠大於技術發明、市場行銷技術、財務應變能力等因素的影響。

　　企業形象，是指企業以其產品和服務、經濟效益和社會效益給社會公眾和企業員工所留下的印象，或者說是社會公眾和企業員工對企業整體的看法和評價。良好的企業形象意味著企業在社會公眾心目中留下了長期的信譽，是吸引現在和將來顧客的重要原因，也是形成企業內部凝聚力的重要因素。因此，企業在設計自己的使命和指導方針時，應把社會信譽和形象置於首位。在塑造企業形象時，由於不同行業對企業形象的要求各不相同，因此還要特別注意根據企業所處的行業特徵來開展形象工程。例如，在食品業，良好的企業形象在於「清潔衛生、安全、有信任感、經營規模大、技術先進等」；在精密儀器業，顧客可能對「可靠性、時代感、新產品開發研究能力、企業發展前景等方面」的形象比較關注。

四、戰略目標的表述

　　戰略目標是構成企業戰略的基本內容，是在一些最重要的領域對企業使命的進一步具體、明確的闡釋，是企業在完成基

本使命過程中所追求的長期結果，反映企業在一定時期內經營活動的方向和所要達到的水準，既可以是定性的，也可以是定量的，比如競爭地位、業績水準、發展速度等等。與企業使命不同的是，戰略目標要有具體的數量特徵和時間限制，其時限通常為 3～5 年甚至更長。

戰略目標是否合理，對企業戰略管理過程起著十分重要的作用。如果設置得當、表述清楚並使每個員工都能瞭解企業的總體發展方向，明確自己在企業發展中應有的地位和作用，就可以激發士氣，鼓舞鬥志。相反，如果沒有方向一致的各項分目標來指導每個人的工作，那麼企業規模越大，人員越多，發生衝突和浪費的可能性也就越大。

目標的設置，必須貫徹結果導向的原則，統籌兼顧企業內外部環境動態發展與企業短期運作的不同要求，使所設定的目標具有可接受性、可檢驗性、可分解性和可實現性，既能對充分挖掘企業潛力起到激勵作用，又能對企業的實際運行起到指導作用。

所謂可接受性，是指戰略目標必須易於被企業的利益相關者所理解和接受。但是，不同的利益集團往往有著互不相同甚至相互衝突的目標，例如，股東追求利潤最大化，員工需要工資和有利的工作條件，管理人員希望擁有權力和威望，顧客渴望獲得高品質的產品，政府則要求企業盡可能多地納稅，企業必須力圖滿足所有利益相關者的要求，以求得他們的友好合作。一般地，能反映企業使命、表述明確、有實際含義的戰略目標，易於被接受。

　　所謂可檢驗性，是指戰略目標應該是具體的，是可以給予準確衡量的，是可以在事後予以檢驗的。目標的定量化是使其具有可檢驗性的最有效的辦法，比如企業生產目標不應是「盡可能多地生產產品，減少廢品」，而應是「2002 年產品產量達 4 萬個，廢品率降至 2%」。但是有許多目標是難以數量化的，時間跨度越長、戰略層次越高的目標越具有模糊性。對於這樣的目標，應當用定性化的術語來表達其達到的程度，既要明確目標實現的時間，又要詳細說明工作特點。所謂可分解性，是指戰略目標必須是可分解的，能夠按層次或時間進度進行分解，構造成一個戰略目標體系，使企業的每個戰略單位甚至每個員工都能明白自己的任務和責任。這樣，既能有效避免企業內不同利益團體之間的目標衝突，使戰略目標之間相互聯合、相互制約，也能使目標更好地轉化為具體的工作安排，轉化為實際行動。因此，企業在制定總體戰略目標後，還必須規定保證性職能戰略目標（圖 2-2）。

圖 2-2　戰略目標體系

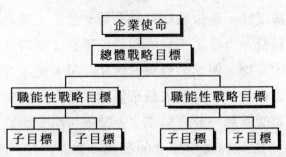

　　所謂可實現性，是指戰略目標必須適中、可行，既不能脫離實際定得過高，也不可妄自菲薄定得過低。目標過高，可望

不可及，根本難以實現，必然會挫傷員工的積極性，浪費企業資源；目標過低，無須努力就可輕易實現，又容易被員工所忽視，錯過市場機會。因此，戰略目標要處於一個經過一定的努力可以實現的水準，這樣才能使目標具有強大的激勵作用。

以上「四性」只是制定戰略目標的原則要求，而對於如何設置和表述企業戰略目標，正如使命的確定和表述一樣，並沒有一個定式。有些企業並沒有設定目標，有的僅設定了很有限的幾個目標，有的則將目標僅僅局限於經營業績。有人曾對美國主要工業部門的 400 家最大的企業進行過調查，調查報告中稱，大多數企業有著書面、量化的多元目標，很多公司爲自己的資本增長、市場佔有率、銷售收入設定了指標，利潤是他們關注的焦點，同時他們還非常注重資產負債表和現金流量的分析。

有人考察了 50 個位於美國加州的大企業，發現這些企業傾向於根據他們採用的戰略來制定目標，還發現領導管理風格和計劃部門在組織結構中的地位對目標類型的選擇起很大的作用。

Y‧K‧雪蒂通過對 82 個公司的研究，找出了一個很大的公司目標範圍(表 2-1)，其中經濟方面的目標佔了最主要地位；雪蒂還發現，產業不同，目標也各不相同，化學、藥品廠家和電子、電器廠家提到「社會責任」的頻繁程度分別爲第二位和第五位；雪蒂認爲，隨著組織的成長，他們所面對的環境變得越來越無序,他們會更快地對外部與企業利益相關者作出反應。

表 2-1　82 家企業的企業目標

類　別	數　量	所佔百分比
獲利可能性	73	89
增　長	67	82
市場佔有率	54	66
社會責任	53	65
僱員福利	51	62
產品品質和服務	49	60
研究和發展	44	54
應　變	42	51
效　率	41	50
財務穩健性	40	49
資源保護	32	39
管理發展	29	35
多國企業	24	29
合　併	14	17
其　他	15	18

　　可見，企業目標一般包括多項內容，涉及組織內外環境對企業運作的影響，主要的內部影響包括效率、增長、資源利用和對業主及員工的回報，外部影響包括對顧客、對社會的關注，前者如品質和價格，後者如納稅（表 2-2）。

表 2-2　一些比較典型的商業目標

可能的屬性	可能的指數	目標和時間表		
		第一年	第二年	第三年
增　長	銷售收入	$100 百萬	$120 百萬	$140 百萬
	單位銷售收入	1.00×單位	1.10×單位	1.20×單位
效　率	利潤額	$10 百萬	$12 百萬	$15 百萬
	利潤/銷售收入	0.10	0.10	0.11
對業主的回報	每股股息	$1	$1.10	$1.30
	每股收入	$2	$2.40	$2.80
對消費者的回報	價格、品質、可靠性	不劣於競爭者	不劣於競爭者	不劣於競爭者
對僱員的回報	工資率	3.5 元/小時	3.75 元/小時	4.00 元/小時
	工作穩定性	變動率低於5%	變動率低於4%	變動率低於4%
對社會的回報	稅賦、獎學金	$10 百萬 10 萬	$12 百萬 12 萬	$16 百萬 12 萬

　　美國著名管理學家德魯克經過一系列的調查研究，曾提供了一個公司目標體系，具有一定的參考價值，它包含八個構成要素：

　　1.市場地位：公司應說明它所追求的市場佔有率。

　　2.創新：公司應將為新產品和新服務、削減成本、融資、運作表現、人力資源管理及信息設立目標。

　　3.生產率：公司應為資源的有效使用設立指標體系。

　　4.實物及財務資源：公司應說明它將如何取得這些資源。

　　5.獲利性：公司應制定給業主的報酬率。

　　6.經理的工作表現及提高：公司應說明對經理們表現的期

望是什麼樣的，如何衡量經理們的實際工作表現以及他們的工作應達到的水準。

7.工人的工作表現和態度。

8.社會責任。

惠普公司的目標

·利潤：獲取利潤以使公司的成長獲得寬鬆的財務環境，並為公司其他的目標提供資源。

·顧客：通過提供高品質的商品和服務並使我們的顧客獲得最大限度的滿足感來換取他們的尊重和忠實。

·感興趣的領域：參與到那些有助於加強我們的技術及客戶基礎的領域中去，那將會使我們獲得持續增長的機會。

·增長：除了開發用以滿足消費者真正需求的產品的能力外，我們將盡可能增長。

·員工：幫助他們分享公司的成功，基於他們的工作表現給他們提供安穩的工作，保證他們工作在一個安全、愉快的環境中，充分認可每個人的貢獻並幫助他們獲取滿足感和事業上的成就感。

·管理：通過建立一種機制，鼓勵每個員工為實現清晰的目標而採取充分自由的行動,來培養他們的創造力和創新精神。

·社會義務：在任何一個我們參與經營的國度裏，我們都要立志於創立一個節儉、有頭腦和充滿社會責任感的惠普。

第 三 章

企業戰略的分析法

一、戰略分析的過程

當企業完成剖析自我和評估環境以後，就可以進行戰略分析了。戰略分析是整個戰略管理過程中最困難、最具有挑戰性的環節。它需要創意，甚至可能依賴靈感。這裏介紹的一些理論和方法會有助於你創意。

戰略分析的第一步，就是要正確地提出問題、找到問題的關鍵。正確地提出問題，充分暴露問題的要點，明確問題的性質，抓住問題的關鍵，就有利於創造性地發現解決問題的辦法。如果關鍵性的問題未被確定或者問題還沒有弄清楚，那麼，再富有製造性的思想也不可能得到充分發揮。

圖 3-1 描述了戰略家在尋找關鍵問題時的一般的、抽象的戰略思考過程。首先要詳細列出各種相關的具體現象或問題；然後將有共同特性的現象合併為一類，以每類為單位再次檢查

並問一下這一類提出了什麼關鍵性問題；再進一步抽象化，並
弄清問題的關鍵和實質；最後又從抽象逐步轉化爲解決問題的
具體辦法。

圖 3-1　尋找關鍵問題的抽象過程

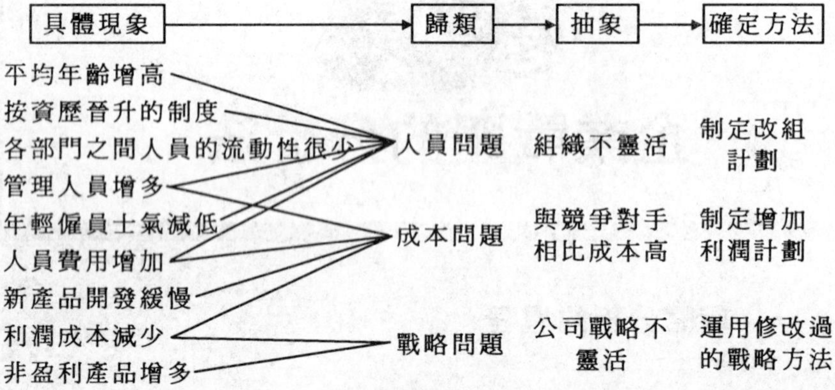

提出了問題以後，怎樣才能找到解決問題的辦法呢？戰略
家決不會簡單地憑著經驗或靈感或直覺甚至僥倖輕率地確定解
決問題的辦法，他們會畫一張關鍵問題圖（圖 3-2），將整個問
題分解爲兩個或兩個以上既相互排斥又相互補充的子問題，然
後再對這些子問題重覆進行同樣的過程，直到最後分解出的子
問題都能比較容易地得到解決爲止。運用這種推理方式，即使
原來看起來大得難以解決的問題，也能逐漸地分解爲一系列較
小的問題。

當解決問題的辦法原則上確定後，接著就是擬訂詳細的行
動計劃。不管解決問題的辦法看起來是多麼完美，如果不能付
諸實施，實際上是沒有意義的。不少公司的經理總想簡化確定
關鍵性問題和付諸實施之間的必要程序，跳過中間步驟，直接

進行改進管理的計劃和具體活動的組織。從實踐經驗看，即便是最有才華的第一線經理，也不能只通過一個步驟就能使抽象計劃變爲行動。

圖 3-2　關鍵問題分析例圖

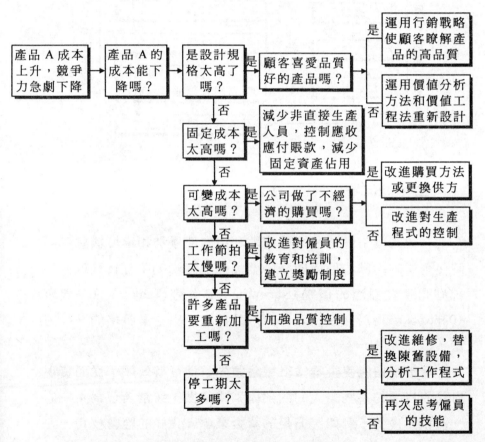

圖 3-3 描述了戰略家的戰略分析全過程。

現在，我們知道了戰略分析的一般邏輯推理，接下來我們再看看戰略專家們在這方面提供了什麼理論和方法。

圖 3-3　戰略分析過程

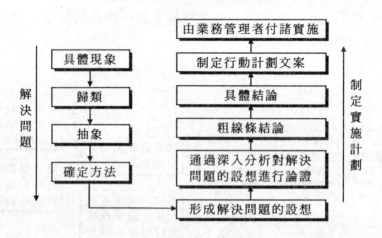

二、SWOT 的分析方法

　　有效的戰略應能最大程度地利用內部優勢和環境機會，同時使企業的劣勢和環境威脅降至最低限度。SWOT 分析法就是系統確認企業面臨的優勢(Strength)和劣勢(Weakness)、機會(Opportunity)和威脅(Threat)，並據此提出企業戰略的一種方法。

　　優勢是指能使企業獲得戰略領先並進行有效競爭從而實現自己的目標的某些強大的內部因素或特徵，通常表現為企業的一種相對優勢。例如，充足的資金來源，良好的經營技巧，在顧客中具有良好的形象，市場領導地位，完善的服務系統，獨有的專利技術，較好的廣告宣傳，產品的創新能力，先進的技術設備，別具一格的產品包裝設計，極其低廉的產品成本，健

全的行銷網路等等。

在多業務單位企業中，公司的整體優勢以各業務單位之間的有效協同和平衡的方式反映出來。協同指的是各業務單位間相互支援以實現各自目標的程度，平衡指的是各業務單位間相對的現金需求的平衡。比如，在通用電氣公司的各業務單位中，有的保持高速增長，有的保持平穩發展，有的具有很大的現金流量並很好地支持公司的整體成長，做到了公司整體的協調和平衡，這是令人滿意的。

劣勢是給企業帶來不利、導致企業無法實現其目標的消極因素和內部的不可能性。例如，缺乏明確的發展方向或戰略導向，技術落後或設備陳舊，缺少某些主要技能或能力，產品線過窄，沒有拳頭產品，銷售管道不暢，成本高企不下，盈利較少甚至虧損，缺乏管理經驗和科學知識，內部管理混亂等等。在多業務單位的公司中，一個公司整體的劣勢主要體現在不協同和不平衡上。

各種優勢、劣勢因素對企業經營的影響程度是不同的。其中，那些對企業的成功起著關鍵作用的因素，被稱為關鍵的成功因素；那些最強於競爭對手的因素，被成為核心能力，它是企業賴以戰勝競爭對手的最有力武器；同樣，也有一些因素對企業經營會造成致命的影響。這些最重要的因素，不管是優勢還是劣勢，都要予以高度重視。

優勢和劣勢，好比戰略平衡表的兩個欄目，優勢好比「資產」，劣勢好比「負債」。對一個企業來說，「資產」越多，企業的競爭優勢就越明顯，制定戰略的基礎就越好。判定自己的優

勢和劣勢，需要通過與同業中最好的企業進行比較，比較產品和流程，思考為什麼這些公司的產品和流程如此優秀，並竭力模仿他們的最佳實踐，從而提升自己的優勢。

機會是那些不斷地幫助企業實現或超過自身目標的外部因素和狀況。企業面臨的機會很多，比如，出現了新的市場，拓展了新的產品線，技術上有了重大突破，競爭對手出現了自滿現象、業務有所萎縮，能為新老客戶提供更多服務，能繞過有吸引力的外國市場的關稅壁壘等等。

機會有兩種形式，即行業機會和企業機會。行業機會是某一行業環境向所有企業提供的發展機會，這種機會對每一個企業來說都是平等的。但是，由於每一個企業的優勢和劣勢不同，抓住機會的能力也就不同。對於那些具備捕捉機會能力的企業來說，行業機會就容易被轉化為現實的企業機會。

為了準確把握機會，避免發生錯誤，企業在面對機會時應該問自己幾個尖銳的問題：①這個機會是否違背公司的宗旨？②這個機會是否違背公司的既定戰略？③這個機會是否要求公司學習一個全新領域？④這個機會是否符合公司財務上的要求？通過回答以上問題，就可以避免企業戰略誤入歧途。

威脅是對企業經營不利並導致公司無法實現既定目標的外部因素，是影響企業當前地位或其所希望的未來地位的主要障礙。企業面臨的威脅來自各個方面，主要有：低成本競爭者的進入，替代品的銷售額上升，市場增長速度趨緩，國外有關國家貿易政策和匯率出現了不利於企業的變化，顧客和供應商討價還價能力的增強等等。

　　過去，威脅的概念常常被局限於競爭者上，但是目前它已被擴展到政府、工會、社會和其他利益相關者集團身上。

　　在業務層面上，對手引入技術革新是一個威脅的例子，比如數字電視的出現，對自恃於線式電視的公司顯然是一個嚴重威脅，它會很快地侵佔傳統電視機市場，並可能使一個線式電視行業統治者在幾個月之後就衰退下去。在公司層面上，多業務單位公司常遇及與單一業務單位相同的威脅，那就是敵意收購和合併。迪士尼公司就曾於 1983 年和 1984 年捲入敵意收購中，儘管迪士尼公司挫敗了收購企圖，但也不得不接受總裁及董事會主席被罷免這一後果。

　　經過詳盡分析以後，把內外環境中存在的優勢、劣勢、機會、威脅逐項排列出來，形成如表 3-1 所示的 SWOT 矩陣。

表 3-1　SWOT 矩陣

	優勢	劣勢
內部條件	產權技術 產品創新 良好的財務 高素質的管理人員 公認的行業領先者	設備老化 產品線範圍太長 行銷能力較弱 成本高 企業形象一般
	機會	威脅
外部條件	縱向一體化 市場增長迅速 有爭取到新的用戶群 能可能進入新的市場領域 可以增加互補產品	競爭壓力增大 政府政策不利 用戶的需求正在轉移 新一代產品已經上市 新競爭者加入

　　當然只列出這些要素是不夠的，還必須根據上述對各項要素的分析，從優勢、劣勢、機會、威脅的可能組合中尋找出企業未來發展的戰略大方向。簡單地說，可以有四種可能的組合（圖 3-4）。

圖 3-4　SWOT 分析圖

　　第一種可能是環境中出現了機會，而公司本身恰好有這樣的優勢。這種情況是最理想的，企業可以採取充分利用環境機會和內部優勢的大膽發展戰略。IBM 公司大力開發個人電腦就是公司聲譽及資源優勢與市場機會相結合的產物。

　　第二種可能是環境中存在一些威脅，但公司在這方面屬於優勢。針對這種情況，企業可以採取兩種態度：一種是利用現有優勢在其他產品或市場上建立長期機會，實行分散化或多樣化戰略，這是具有其他發展機會的企業通常採取的態度。美國灰狗公司在城市之間客運業務方面擁有優勢，但由於政府放鬆管制，面臨著航空客運的競爭和勞力成本日益增加的威脅。經過 SWOT 分析後，公司決定由客運改變為貨運，這樣既利用了公司業務上的優勢又避開了環境條件的威脅。另一種就是採取與環境威脅直接正面鬥爭的態度。當然，這種做法通常只有在企

業優勢足以戰勝環境威脅時才會採用,否則只能成爲堂詰訶德。

　　第三種可能是環境中存在機會,但是公司在這方面是劣勢,力量不夠。這就要求企業應致力於改變內部劣勢,採取防衛性戰略,同時,有效地利用市場機會。蘋果公司就是通過將鐳射技術應用於好幾種產品的生產上,從而利用了個人電腦發展機會和企業技術長處,避免了與 IBM 公司競爭中表現出的不足。

　　第四種可能是環境中存在一些威脅,而公司在這方面也處於劣勢,這是最不理想的情況。在這種情況下,企業最好採取減少或改變產品市場的退出性戰略。80 年代初,美國克萊斯勒公司得以成功地避免破產,就是因爲能發現威脅和劣勢,並及時制定相應戰略來改變業務方向的結果。

　　綜上所述,SWOT 分析法給我們提供了一種戰略思考的思路和框架。只要能夠詳細說明企業內外部的多項關鍵性戰略要素,就有可能提出可行的戰略方案。不過,單以 SWOT 方法來思考戰略,也未必就能夠很有效地找到滿意的答案,因爲有很多情況是處在既是機會又是挑戰,或者是不算優勢也不算劣勢的境地。此時,就要考慮另闢蹊徑了。

三、生命週期的分析方法

　　產品也好,行業也好,就像人一樣有生命,有生有死。因此,我們可以通過對產品、對行業的生命週期分析,來預測產品市場或某個行業的吸引力和前景,從而決定公司戰略。通常,

行業增長受某種新產品的創新及傳播過程的影響，會順著一條
「S」型曲線前進，經歷導入階段、增長階段、成熟階段和衰退
階段。在少量新產品導入市場時，往往不會很快被顧客接受，
因而行業增長線是平坦的。一旦產品被證明是成功的，眾多的
買主湧入市場，行業就會迅速地增長。當產品的潛在買主的滲
透最終完成時，行業的增長就會停頓下來，並且達到與有關買
主集團的基本增長率相同的水準。最後，隨著新的替代產品的
出現，增長終將逐漸減少(圖 3-5)。

圖 3-5　產品(行業)的生命週期

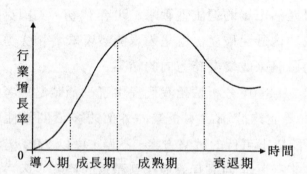

當然，並不是所有產品、所有行業都機械地遵循這四個階
段的。有不少產品在導入期就夭折了，也有不少產品在進入衰
退期以後，經過重新包裝、設計和改造，能再掀熱潮，創造產
品第二春。比如科技界曾經預期個人電腦已到了成熟階段，發
展有限。但是，自從視窗(Windows)技術開發成功後，卻出現了
前所未有的繁榮景象。還有的產品一直沒有進入衰退期，持續
維持在成熟階段，比如家中的電鍋，已經成了生活必需品。
　　由於產品有生命週期，行業也跟著興衰，行業的競爭性質

也會發生變化，因此企業要對不同的產品、在行業發展的不同階段採取不同的戰略。

　　簡單地說，一個多產品企業，要先把各種產品的生命週期找出來，然後根據各種產品所處階段來分配企業資源。當產品處於導入期時，公司應加強宣傳，讓消費者瞭解熟悉產品，並給予資源上的支援，使之迅速佔領市場。當產品進入成長期時，公司應採取適當的價格或服務策略，迅速建立進入障礙，並盡可能贏得最豐厚的利潤。當產品進入成熟期時，公司應逐漸減少投資，通過各種促銷手段維持市場。當產品進入衰退期，公司就要特別注意控制成本，並準備從該產品的生產中退出（表3-2）。

　　企業不僅要對處於不同生命週期的多種產品採用不同的戰略，而且要根據企業所處的行業的不同發展階段來分析思考戰略。行業的生命週期與產品相類似，在這裏，我們著重看看處在新興行業、成熟行業和衰退行業中的企業應如何進行戰略分析。

1.新興行業

　　新興行業是指，由於技術創新、新消費需求的出現或其他經濟社會方面的變化，致使某種新產品或新服務成為一種現實的發展機會，從而形成的一個新行業。新興行業具有不確定性和風險性，主要表現在：

　　⑴由於創新者在新技術選擇及其水準評估上的困難、企業現有技術與創新技術間可能存在的矛盾及創新技術在創新活動中可能發生技術水準的貶值等因素引起的技術上的不確定性；

表 3-2 產品生命週期與戰略

	導入階段	成長階段	成熟階段	衰退階段
買主行為	以高收入者為主,買主具有惰性	擴大的買主集團,買主對品質要求不一	眾多買主湧入,市場飽和,穩定性強,買主在廠牌間比較挑選	買主主要是產品的老主顧
產品變化	品質較低劣,產品無標準,設計經常更改	品質優良,產品在技術和性能上有差異性	優質,標準化,產品差異較少,產品設計較少更改	無產品差異,品質參差不齊
生產能力	短期生產能力過剩	生產能力不足	最優狀況的生產能力過剩	大量的生產能力過剩
競爭狀況	極少數公司參與競爭	眾多競爭者進入競爭	實力不足者被淘汰	競爭者因退出而減少
收益情況	高價格、高毛利、低收益	價格比導入期低,但價格彈性高,淨收益最高	價格下跌,毛利較低,收益較低但較穩定	在衰退後期,價格可能回升
公司戰略	運用介紹性的技術型廣告,說服買主試用;常採取撇奶油或低價滲透的價格戰略;建立專門化的銷售管道;迅速增加市場佔有率	非技術性的廣告宣傳,加大行銷活動力度;改進產品品質;大批量地進行生產;建立大型的銷售管道;採取靈活多樣的價格結構戰略;實行兼併收購	廣告行銷緩和;進一步改進產品品質;進行市場細分;擴充產品種類;加強服務;價格讓利,實行低價傾銷;努力延長產品生命週期,適當更改產品以期創造第二春;大型的銷售管道	靠長期的信任關係維持買主,減少促銷手段;專業化的銷售管道;嚴格控制產品成本;低價銷售甚至清退投資、轉產

(2)由於存在不可預測的突發因素或漏測因素,使企業在資源投入上超預算、新產品投入市場後出現時滯效應,從而造成經濟上的不確定性;

(3)由於新產品的試製與生產必然會引起企業內部組織狀態

的變動、企業內部利益分配格局的變化甚至對企業文化造成影響，所以還存在組織上的不確定性；

(4)與以上三項不確定性相聯繫，由於企業在競爭狀況、市場定位、銷售服務等方面所掌握的信息不多，往往在很大程度上依賴經營者主觀上的機智善斷、隨機應變來決定企業戰略，因而存在著戰略上的不確定性。由於不確定性的廣泛存在，高風險性也就成了新興行業的必然現象。據報載，美國每年建立高技術企業約 50 萬家，其中 3/4 在四五年內破產，只有 1/4 的企業在競爭中艱難地成長。

根據新興行業的這個特性，企業在制定戰略時，首先應當慎重地選擇進入時機。選擇一個合適的進入時機是至關緊要的。早期進入的行業先驅者可能會冒較大的風險，但會遇到較小的進入障礙，並可能得到較大的收益。

一般而言，在下列情況下宜於早期進入：該行業的用戶重視企業的聲譽，而早期進入者能夠因為成了行業先驅者而提高其聲譽；該行業的經驗不易模仿，而且學習曲線對企業有顯著作用，較早進入者就可以較早開始學習過程；早期進入者能在原材料供應、銷售分配管道等方面取得絕對的成本優勢。

相反，在下列情況下則不宜早期進入：行業早期市場與行業發展後的市場有很大的差異，早期進入者在以後將面臨較高的調整市場的成本；市場開發的費用很高，而市場開發後並不能為企業所專有；技術變革很快，早期進入者將可能面臨較高的更新技術成本。

除了要選擇合適的進入時機外，新興行業的企業還要善於

對付競爭對手。在新興行業，對付競爭對手的最有效方法是，想方設法地影響行業規則，使之有利於提高自己的競爭地位。因爲，在新興行業中，行業的競爭規則尚未形成，行業的信譽、形象仍處於混亂狀態。因此，企業可以通過產品政策、定價策略和行銷方式來影響行業的競爭規則，促進行業標準化，有時甚至應與供應商、客戶、政府等形成統一戰線，整頓不合規格的產品品質及無信用的生產企業，從而改善企業自身的競爭地位。作爲早期進入者，還應及早預防外部潛在競爭者的進入，有時可以花費大量的財力來保衛自己的市場佔有率，有時則應採取寬容的做法，與競爭對手進行技術、生產、市場劃分等方面的合作。

新興行業的企業，還應力求保持長期利益和短期利益的平衡。因爲，隨著行業潛在利潤的增長，新競爭者會不斷湧入，一些其他行業的企業也會迅速轉入，一些實力較強的企業甚至會通過收購或合併一舉成爲新興行業的領導者。因此，企業在取得早期競爭的勝利後，必須著眼於未來，馬上著手建立長期競爭的勢力範圍，設置必要的進入障礙，鞏固市場地位。

2.成熟行業

一個行業不可能永遠保持迅速增長的勢頭，遲早總會走向成熟。走向成熟的過程通常會引起行業競爭環境的根本變化。這些變化主要表現在：

(1)市場需求增長速度減緩，導致更劇烈的市場競爭，大幅降價、廣告轟炸等意在攻擊同業的手段已被企業廣泛採用；

(2)買主們具有了一定的使用經驗和識別各種品牌的能力，

越來越有見識，越來越成熟，對重覆購買的討價還價能力不斷增強；

　　⑶企業開始更加注重成本與服務方面的競爭，所有企業都在設法向市場提供顧客所偏好的產品和服務；

　　⑷企業開始面臨生產能力過剩的難題，出現了過量投資，人員冗餘，生產設備閒置的現象；

　　⑸產品創新和產品的新應用變得更加困難，產品差異化方面已很難再有大的作爲；

　　⑹因爲增長速度放慢、競爭加劇、買主日益成熟以及偶爾出現的生產能力過剩，所以整個行業的利潤率或暫時或持久地下降，一些實力較弱、效率較低的企業已經漸露危機；

　　⑺企業間的相互兼併接管更加頻繁，某些企業被逐出行業，整個行業處於結構性調整之中。

　　行業競爭環境的重大改變，決定了企業在成熟階段的戰略特點。一要清理現有產品線，削減那些無利可圖的項目，集中資源生產和銷售那些利潤較高、成本較低的產品項目，使產品組合合理化；二要調整定價方法，根據個別產品的成本預算來制訂價格；三要降低成本，進行技術創新形成更加經濟的產品設計，刪除經營成本鏈中某些不必要的環節，提高產品製造和銷售的效率；四要擴大現有用戶的銷售額，可採取提高產品等級、擴展產品系列、提供高品質服務等辦法；五要購買、兼併環境艱難的企業，實現低成本擴張，達到規模經濟；六要適時向國外擴張，在國外買主的需求比較初級簡單而競爭者又比較弱小、企業能夠利用貶值的工廠設備出口產品、企業的技能與

聲譽已波及國外的情況下，應積極開拓國外市場，從而很好地避開了國內市場的成熟階段。

在這個階段，企業特別要避免出現一些戰略上的失誤。比如：處於成熟行業中的企業往往自我感覺良好，仍然陶醉於成長期所取得的輝煌業績，不能適應新的環境變化，不願在價格、經銷手段、生產方法等等方面作出及時的戰略調整；戰略態度不明朗，游離於多種戰略狀態之間，形不成戰略特色；為保持和擴大市場佔有率，盲目地追加投資；為了維護短期利益，保持眼前的盈利率，輕易地放棄市場佔有率，一味地強調新產品的開發，而偏偏不重視技術創新等等。

3.衰退行業

表 3-3　衰退行業戰略選擇

影響因素 戰略內容 影響因素	具有與競爭對手有關的 爭取剩餘利益的實力	缺乏與競爭對手有關的 爭取剩餘利益的實力
對衰退有利 的行業結構	**領導地位戰略** 在市場佔有率方面尋求領導地位	**收穫戰略** 利用實力來安排一種可控制的抽回投資
對衰退不利 的行業結構	**合適地位戰略** 在某個特定的市場面內造成或保持某種強有力的地位	**迅速放棄戰略** 在衰退過程中儘早清理業務和投資

如果企業有足夠強大的實力，相信通過競爭能夠確立行業領導地位，而且確信留在行業內的少數幾家企業將有可能獲得超過平均水準的利潤，那麼企業可以選擇領導地位戰略。這種

戰略的目的就在於成為留在行業內的唯一一家企業或幾家企業之一。要確立領導地位，企業應積極地增加投資，用於與擴大市場有關的經營活動；應採取租賃或收購競爭對手的生產能力和市場的辦法，降低競爭對手的退出障礙，從而擴大市場佔有率；通過公開聲明或行動表明自己將堅決留在本行業繼續經營，通過某些競爭活動證明自己有較強的實力，通過收集並發佈有關行業前景暗淡的消息營造有利於對手退出經營的氣氛，來迫使競爭對手主動退出。

　　如果行業內的某特定細分市場，不僅足以保持穩定的需求或延緩衰退，而且具有能獲得高收益的特點，那麼可以採取合適地位戰略。企業應當在這部份市場中建立起自己的地位，以後再視情況的發展考慮進一步的對策。

　　如果行業環境尚未退化到足以引起劇烈衝突的地步，而且企業也有一定的實力，那麼企業可以採取收穫戰略。企業通過嚴格地削減新投資，減少設施的維修，中止廣告活動，並利用殘留的實力提高價格或利用以往的信譽繼續銷售產品來獲得收益。

　　如果企業沒有什麼特殊的實力，應該在衰退期的早期就考慮迅速放棄戰略。企業通過清理業務、轉讓資產盡可能地收回投資。因為一旦行業衰退明朗，行業內外的資產買主就處於極為有利的討價還價地位，資產轉讓就顯得為時已晚。

　　美國 Radio Shack 公司是一家較大的家用電器設備銷售商，在個人電腦市場剛剛開始發展時，就進入了該市場，並在美國和加拿大共設有 6800 多個銷售處。1980 年以前，公司在

個人電腦市場上的佔有率達到 19%，盈利情況很好。到 1985
年，美國家用電器市場進入迅速成熟階段，公司在個人電腦市
場上的比率已降到了 8.6%。面對這一形勢，公司經過嚴肅認真
的分析，制定了能適應行業發展新階段的戰略，包括：(1)向個
人及小企業提供能與 IBM 相容的電腦；(2)改變商標，使用與公
司同名的商標，並通過各銷售處為電腦用戶提供技術培訓服
務；(3)改變商店佈局，使之能吸引婦女；(4)對公司傳統家用電
器產品採取低價政策；(5)分散進入其他折扣電器市場，以充分
利用現有的設施。

四、BCG 的分析方法

　　BCG 分析法是由美國大型商業諮詢公司——波士頓諮詢集
團(Boston Consulting Group)首創的一種規劃企業產品組合的
方法，又被稱為波士頓矩陣、四象限分析法和產品系列結構管
理法。

　　BCG 分析法，假定企業擁有複雜的產品系列，並且產品之
間存在明顯差別，具有不同的市場細分。在這種情況下，企業
決定產品結構時應主要考慮兩個基本因素：一是企業的相對競
爭地位，以市場佔有率指標表示，指本企業某種產品的市場與
該產品在市場上最大的競爭對手的市場比率；另一個是業務增
長率，以銷售增長率指標表示，指前後兩年產品市場銷售額增
長的百分比。這兩個因素相互影響、共同作用的結果，會形成
四種具有不同發展前景的產品類型。企業就應針對不同類型的

產品採取相應的戰略對策(圖 3-6)。

圖 3-6　BCG 分析圖

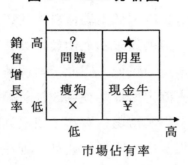

1.明星產品(Stars)

它是指銷售增長率和市場佔有率為「雙高」的產品群，是企業最具長期發展和獲利機會的產品。但是，由於該類產品增長較快，它所需要的投資量一般超過其自身的積累能力，因此在短期內應成為企業資源的優先使用者，採用擴張性的發展戰略，即增加資源投入，積極擴大經濟規模和市場機會，以長遠利益為目標，提高市場佔有率，加強競爭地位。

2.現金牛產品(Cash Cow)

它是指低銷售增長率、高市場佔有率的產品群。這類產品已進入市場成熟期，銷售量大，產品利潤率高，負債比率低，無需擴大投資，因而其創造的現金量高於自身對現金的需要量，成為企業回收資金，支援其他產品尤其是明星產品發展的投資後盾。這類產品，過去曾經是明星產品，而一旦成為現金牛產品後，其市場佔有率的下跌已成為不可阻擋之勢，因此可採取收穫戰略，即投入資源以達到短期收益最大化為限。一方面把設備投資和其他投資儘量壓縮，另一方面可採用榨油式方

法，爭取在短時間內獲取更多利潤，為其他產品提供資金。

3.問號產品(Question Marks)

它是指高銷售增長率、低市場佔有率的產品群。這類產品是企業的新生力量，但前途未明。由於市場佔有率低，其獲利能力不明顯，現金創造力較低。因此，對問號產品應採取選擇性投資戰略，即首先確定對那些經過改進可能會成為明星的產品進行重點投資，提高其市場佔有率，使之逐步轉變為明星產品；對其他將來有希望成為明星的產品，則在一段時期內採取扶持的政策；而對那些經「教育培養」仍難成長的產品，則採取放棄戰略。

4.瘦狗產品(Dogs)

它是指低銷售增長率、低市場佔有率的產品群。這類產品的市場已經飽和，因而競爭激烈，利潤率低，處於保本或虧損狀態，負債比率高，無法為企業帶來收益。因此，對瘦狗類產品應採取撤退戰略，即應減少批量，縮小業務範圍，逐漸撤退，甚至立即淘汰，並將剩餘資源向其他產品轉移。

明德公司是一家生產多種林產品的多元化經營公司。為了重組產品結構，專門任命了一位副總裁。這位副總裁要求，公司應在所服務的市場中成為領導者，並規定銷售增長率在 10%以上的為高增長率，市場佔有率達到排名第二位的競爭對手市場佔有率的 1.5 倍以上為高市場。根據這一標準，對全公司產品進行分類，發現許多產品被劃入第四種瘦狗類產品行列。為此，公司陸續淘汰了 15 項不可能成為市場領導者的產品。此舉除收回了 8000 萬美元的資金外，還省下了如果不淘汰還需進一

步追加的 2500 萬美元投資，使公司總資產利潤率得到了迅速提高。第一年，公司的總銷售額為 11 億美元，四年後總銷售額達到了 16 億美元，增長了 50%以上，同期稅後利潤翻了 6 番。

根據對四類產品的分析，我們可以有以下五個推論。

推論一：產品市場佔有率越高，創造利潤的能力就越大；銷售增長率越高，為了維持其增長及擴大市場佔有率所需的資金也越多。因此，企業應該實現產品互相支援、資金良性循環的產品結構，其產品發展與資金移動線路如圖 3-7(1)所示。在一個多產品公司中，如果沒有現金牛產品，公司的資金可能會有困難；如果沒有明星產品，公司將缺乏主導性產品，未來也將沒有現金牛產品，發展潛力有限；如果沒有問號產品，公司未來可能進入後繼乏力的困境。

推論二：產品結構中，若盈利大的產品不只一個，而且其銷售收入都比較大，還有不少明星產品，而問號產品和瘦狗產品的銷售量都比較少，如圖 3-7(2)所示，各類產品呈成功的月牙環狀分佈，那麼產品結構是理想的。相反，如圖 3-7(3)所示的散亂分佈，則說明產品結構不合理，業績必然較差。

推論三：如果企業沒有任何盈利大的產品，或者即使有，其銷售收入也幾乎近於零，我們可以用一個黑球來表示，如圖 3-7(4)所示，那麼企業應對現有產品進行戰略性調整，開發新產品。

推論四：一個企業的產品越是集中分佈在四個象限中的東北方向，則該企業的產品結構中明星產品就越多，發展潛力越大，因此東北向大吉，如圖 3-7(5)所示。

推論五：按正常趨勢，問號產品經明星產品最後進入現金
牛產品階段，標誌著從純資金耗費到為企業創造效益的發展過
程。這一過程的快慢也影響到企業創造效益的大小。圖 3-7(6)
和圖 3-7(7)所示的情況就是對企業的收益貢獻不會太大的兩種
情況。

圖 3-7　BCG 分析法推論

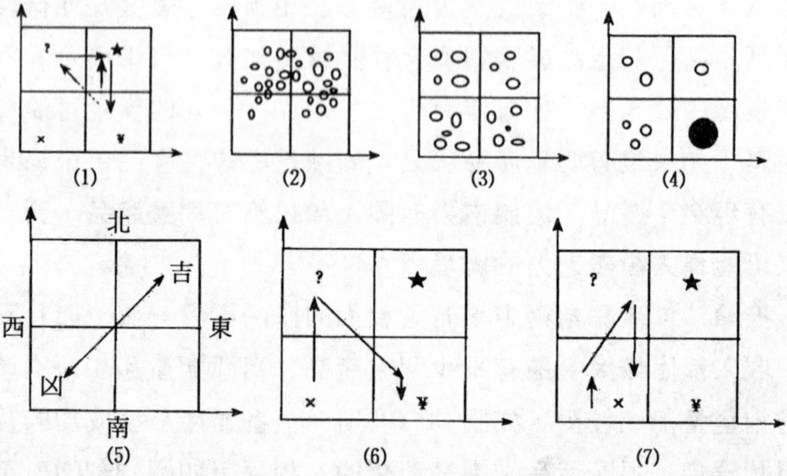

BCG 分析法固然是分析公司戰略的一種有效方法，但它也
有明顯的不足之處。一是 BCG 法對業務的分類過份簡單，對四
大類產品群所採取的戰略描述也簡單化，很難考慮實際中存在
的中間狀態；二是僅用銷售增長率和市場佔有率來衡量複雜的
業務環境，也有偏頗。為此，不少企業在實際應用中對 BCG 法
進行了改進，提出了新的模型，比如戰略群模型、通用電器公
司模型和霍福爾產品－市場發展模型。

戰略群模型(圖 3-8)主要是改進了 BCG 法對不同種類產品

(或業務)的戰略方案的描畫，提供了更多的可供選擇的方案。

圖 3-8　戰略群模型

```
┌──────────────┬──────────────┐
│ ？           │ ★           │
│ 集中戰略      │ 集中戰略      │
│ 橫向一體化戰略 │ 縱向一體化戰略 │
│ 清算戰略      │ 同心多樣化戰略 │
├──────────────┼──────────────┤
│ ×           │ ￥          │
│ 同心多樣化戰略 │ 同心多樣化戰略 │
│ 複合多樣化戰略 │ 複合多樣化戰略 │
│ 退出戰略      │ 合資戰略      │
│ 清算戰略      │              │
└──────────────┴──────────────┘
```

　　①對明星產品，因為已經形成競爭優勢，因此，首先應繼續採取集中戰略。但是，如果企業擁有超過集中戰略所需要的資源量時，就可以預先考慮選擇縱向一體化戰略，以更好地接近用戶和供應商，從而保持企業的利潤和市場。最後，如果企業有能力進行大量追加投資的話，也可以採取同心多樣化戰略，分散投資風險。

　　②對現金牛產品，因為其具有現金流量大而資源需求少的特點，因此可採取同心多樣化戰略或複合多樣化戰略，也可以採取合資戰略，以實現充分利用原有優勢又能進入更有發展前途的業務領域的目的。

　　③對問號產品要進行仔細分析，嚴格審查。如果認定企業還具備尚未充分體現的潛在競爭優勢和實力，經過努力能實現所期望的目標的話，則可採取集中戰略或橫向一體化戰略來擴充競爭能力；如果認定在丟掉這項業務後，企業反而能輕裝上

陣，更好地實現整體經營目標，那麼就可以採取放棄或清算戰略。

④對瘦狗產品，應當採取緊縮型戰略，通過緊縮資源投入量，實現一定程度的退出；或者實施同心多樣化或複合多樣化戰略，將資源轉移到其他產品或業務中去，實現資源轉向；或者乾脆退出或清算。

圖 3-9 通用電器公司九種標準戰略分析圖

		小	中	大
市場引力	大	著眼長遠的扶持戰略 3	迅速提高市場佔有率的發展戰略 2	力保優勢的集中資源戰略 1
	中	選擇性地進行投資的收縮戰略 6	平衡收益與風險的穩定戰略 5	抓住機會擴大收益戰略 4
	小	堅決撤退收縮戰略 9	停止投資坐吃山空戰略 8	逐漸減少投資的收回資源戰略 7

企業實力

通用電器公司模型(圖3-9)是1970年通用電器公司為優化產品組合而重新制定公司戰略時形成的。這種模型認為，在評價各經營單位時除了要考慮市場佔有率和銷售增長率以外，還要考慮其他許多因素，這些因素可以包括在市場引力和公司實力兩大因素中。其中市場引力包括：市場容量、市場銷售增長率、利潤率、競爭強度、技術要求等。公司實力包括：市場佔

有率、產品品質、品牌信譽、銷售能力、技術力量、生產能力、單位成本等。根據以上要素對企業產品加以定量分析，評價、劃分出九種類型，並針對每一種類型列出相應的發展、維持及淘汰等對策，在此基礎上調整產品結構，確定企業產品發展方向。

　　首先，要選擇能反映產品主要經營特徵的項目作爲考核市場引力和企業實力的具體項目，並根據每一項目的重要程度決定其權重，然後進行分等（比如從 0～1 等），並計算各項目得分。

表 3-4　**市場引力和企業實力評價計分表**

評價項目	權重及得分	產品名稱	A	B	C
市場引力	行業增長率	權重	30	30	
		等級分	1.0	0.5	
		得分	30	15	
	利潤率	權重	10	20	
		等級分	0.5	0	
		得分	5	0	
	銷售增長率	權重	15	10	
		等級分	1.0	0.5	
		得分	15	5	
	行業特徵	權重	10	15	
		等級分	0	1.0	
		得分	0	15	
	……	……	……	……	
		總得分	60	35	

續表

企業實力	市場佔有率	權重	40	20	
		等級分	0.5	1.0	
		得分	20	20	
	技術能力	權重	20	20	
		等級分	0	0.5	
		得分	0	10	
	銷售能力	權重	10	20	
		等級分	0.5	0.5	
		得分	5	10	
	生產能力	權重	10	10	
		等級分	1.0	0.5	
		得分	10	5	
	……	…… ……	…… ……	…… ……	
		總得分	35	45	

　　第二，將多項目的得分相加，得出每一產品市場引力和企業實力的總分，並按大、中、小分為三個等級。

　　第三，根據 BCG 原理，縱軸表示市場引力，橫軸表示企業實力，按大、中、小三個等級標準，畫成九象限圖，並將各產品的市場引力和企業實力按其大、中、小標準分別填入相應的象限內(參見圖 3-9)。

　　第四，對九個象限內的不同產品分別採取不同的戰略。概括地講，企業應將重點放在第一、二、三象限區域內的產品群上，重點投資，重點經營；而對七、八、九象限區域內的產品

群，應採取維持收益或撤退收縮戰略。

　　以上模型有一個共同的缺點，就是沒有反映產品所處的生命週期階段。美國學者 C・霍福爾對此進行了改進，他以產品競爭地位作爲橫軸，分爲強、中、弱三檔，以產品－市場發展階段作爲縱軸，以大小不同的圓圈代表行業的相對規模，以圓圈的陰影部份代表該產品的市場佔有率，畫出產品－市場發展矩陣(圖 3-10)。

圖 3-10　產品－市場發展矩陣

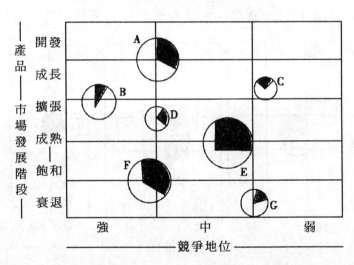

　　圖中，A、B、C、D、E、F、G 分別表示七種產品，七種產品應依據所處的地位分別採取不同的戰略：①產品 A 處於開發階段，市場佔有率高，具有強大的競爭能力，是潛在的明星，公司應採取大量投資、加快發展的戰略；②產品 B 處於階段，市場佔有率低，競爭地位強，公司應採取增加投資、以求發展的戰略；③產品 C 雖處於處於成長階段，但市場佔有率低，競

爭地位低，行業規模又較小，公司應採取放棄發展的戰略；④產品 D 處於擴張階段，市場佔有率高，競爭地位較強，但行業規模較小，公司應採取維持或穩定戰略；⑤產品 E 和 F 同處於成熟至飽和階段，有較大的市場佔有率，行業規模大，是能帶來豐厚利潤的現金牛產品，無需擴大投資，F 產品已從飽和階段轉向衰退階段，更不宜擴大投資，而應採取維持戰略；⑥產品 G 市場佔有率低，行業規模小，處於衰退階段，是一種難以生存的瘦狗類產品，應採取清算或放棄戰略。

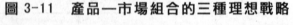

圖 3-11　產品—市場組合的三種理想戰略

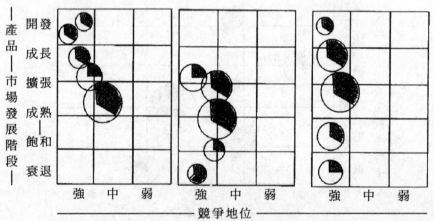

產品—市場發展階段—

開發　成長　擴張　成熟—飽和　衰退

強　中　弱　　強　中　弱　　強　中　弱

競爭地位

根據這一分析，C・霍福爾認為，理想的產品—市場組合戰略有三種，即成長組合、盈利組合和平衡組合（圖 3-11）。成長組合戰略，把開發新產品、新事業作為重點，在維持現金牛產品盈利的同時，重點扶持明星產品，寄希望於未來的發展，適合於那些資金雄厚、開發能力強的企業；盈利組合戰略，把充分利用現金牛產品以增加盈利作為企業經營活動的核心，不進

行新產品的投資開發，因而發展後勁不足，適合於準備從現有產品的經營上撤退的企業；平衡組合戰略，追求長期均衡的發展，兼顧今天的利益和未來的發展，既能從現金牛產品獲得必要的資金，支援明星產品的發展，也能對衰退產品進行有效控制並逐步淘汰。這三種戰略適用於不同企業，關鍵看企業追求的目標。

五、競爭優勢的分析方法

　　一個企業，如果沒有自己的特長，沒有形成獨具特色的、別人難以在短期內模仿或趕上的比較優勢，就不可能擁有高人一籌的競爭能力，就不可能在激烈的市場競爭中穩操勝券，脫穎而出。因此，如何建立和保持企業的競爭優勢，是戰略制定者必須考慮的一個問題。美國戰略學家邁克爾·波特曾經對一些企業進行了實證分析，得出了圖 3-12 的結果。

圖 3-12　波特的競爭優勢模型

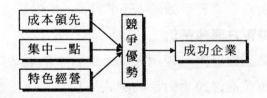

　　概括地說，競爭優勢可以分為六個方面：

1.價格性能優勢

　　一個企業（產品）的成本較低，它在訂價方面就有優勢；如果成本相近，價格相當，或價格對市場供求影響較小，那麼產

品的功能、品牌、穩定性和服務等體現產品品質的因素就成為競爭的關鍵。因此,許多企業都希望自己在成本性能或價格性能方面具有優勢。

2.時間優勢

善於發現並捕捉市場機遇,率先進入市場或率先改變原有的競爭方式的企業,就可以在提高市場知名度、影響市場新規則的設立以及獲得市場經驗等方面形成時間優勢。

3.專有技術優勢

專有技術是指別人沒有的技術或知識,既包括技術創新也包括經營管理方面的決竅,既可以是自己開發研究的也可以是來自他人授權的,既可以是申請了專利的也可以是秘而不宣的。有了獨特的技術或知識,就可能創造出獨門生意或獨特的產品,也可能形成成本優勢或品質優勢。可口可樂憑藉其特殊的配方,近200年來始終保持著世界軟飲料市場的領先地位。

4.效率優勢

企業的生產方法、經營方式、員工的向心力等等,都會影響企業的生產效率或經營效率,效率越高,其相對成本就越低。

5.進入障礙方面的優勢

企業如果能夠設置阻礙別人進入該行業的有效障礙,在一定程度上阻礙或推遲競爭對手的進入,使該市場對於競爭對手來講並不具有吸引力,或者即使進入也很難與其匹敵,那麼這些進入障礙就成了企業的競爭優勢。

6.實力優勢

以上這些優勢最終都會被別人慢慢地趕上,只有企業擁有

充分的資金優勢，能夠在人力、技術等各項資源上進行高強度的持續投入，並形成市場規模大、營業額大以及市場佔有率高的實力優勢，才是企業終結意義上的競爭優勢。

　　當然，企業的優勢還有很多方面。只要對企業的經營有利而且對於競爭對手而言相對較強，就可以列爲優勢。

　　那麼，企業應該如何創造條件來建立各種競爭優勢呢？首先，要具有對外界環境變化作出快速反應的創業者精神。外界環境的變化經常意味著創造出新的機會。企業要建立對環境重大因素變化作出預警的系統，通過對科技發展、顧客需求、供應者條件、行業週期等多項指標的監測，把握未來趨勢，抓住面向未來的關鍵因素，敏銳地識別各種戰略機會，並快速及時地調整戰略，成爲抓住機遇的第一行動者。其次，要正確地鑑別自己的資源和能力，通過技術創新、組織創新、管理創新和內部資源的重新組合，把那些稀缺的並與該行業的關鍵成功因素相關聯的資源和能力，轉化成競爭優勢。此外，在不斷地發揮和加強企業優勢的同時，我們還要找到企業現有的資源和能力與未來競爭目標之間存在的差距。不斷地增加投入，進一步發展市場競爭所需的資源和能力，從而彌補現有的資源和能力的缺口，創造出企業的競爭優勢（圖 3-13）。

　　企業在花費巨大努力建立起競爭優勢以後，並不可以高枕無憂了，因爲隨著時間的推移，原有的優勢可能會被競爭對手模仿，可能會被行業環境的變化所淘汰，也可能會因爲企業自身創業者精神的喪失而喪失。因此，如何保持長期的競爭優勢是企業持續發展的關鍵。

圖 3-13　以資源為基礎的戰略分析

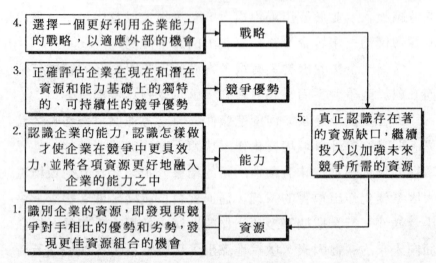

首先，企業多項資源的持續性是不同的，有短週期、標準週期和慢週期之分。真正幫助企業建立起長期的競爭優勢的資源，往往是那些標準週期和慢週期的資源，其中無形資源在其中扮演著重要的角色。因此，戰略制定者應想方設法將更多的短週期資源發展成為標準週期或慢週期的資源，唯有如此，才能保持企業長期的戰略競爭力(圖 3-14)。

圖 3-14　企業資源可持續性層次

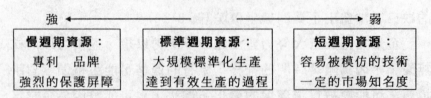

其次，要防止競爭對手模仿。為此，要適當地隱蔽由於競爭優勢所帶來的超凡表現，從而避免讓人過早地注意或過快地

跟蹤；要通過降低價格快速搶佔市場、迅速提高生產能力等方面設置進入障礙，降低對手的模仿動力；要將形成競爭優勢的原因模糊化，使競爭對手較難作出準確分析，模仿行爲具有更大的不確定性和風險。如果企業的資源和能力可能被靈活地轉移、買賣，那麼競爭對手就會很快地得到目前還沒有的東西。因此，企業應該更注意那些靈活性較差的資源和能力的開發，更注重需要整體聯動才能發揮作用的資源和能力，更注重企業能力的培養和發展而不是依賴某些個人的經驗和知識。

第三，要始終保持創業者精神。企業的優勢永遠是暫時的，只有保持創業者精神，企業才能有不懈的追求，有新的目標，才能敏銳地發現內外環境的變化，不斷地捕捉那些關鍵性的市場機會，才能有勇氣自己打破原有的優勢，建立起新的優勢，才能不斷地保持領先。

六、價值鏈的分析方法

所謂價值鏈(Value Chain)，是企業在向顧客提供產品過程中一系列相互關聯的價值活動的集合。從戰略的意義上講，我們可以把每一個企業的設計、生產、行銷、交貨等價值活動階段歸結爲基本活動和支持活動(圖 3-15)。

企業的基本活動又可以分爲五類：內務後勤活動、生產活動、外務後勤活動、市場行銷活動和售後服務活動。內務後勤活動是與物料投入生產過程有關的一切活動，處於物料進入企業與物料投入生產環節之間，包括物料的接收、儲存、物料在

廠內的運輸、存貨控制、物料的發放、向供應商退貨等活動。生產活動是將投入物轉化爲最終產品過程的各項活動，可以包括機械加工、包裝裝配、設備維修、檢測等活動。外務後勤活動處於產品已經生產出來到產品送到用戶手中的活動之間，包括產成品的歸集、儲存、配銷和發運等活動。市場行銷活動是指向用戶提供產品購買手段並吸引用戶購買產品的有關活動，包括廣告、助銷、促銷、定價以及選擇銷售管道等活動。售後服務活動是位於產品確定了用戶和最終結束其使用壽命之間，爲了提高和維持產品價值而提供的活動，包括產品的安裝和維修、用戶的培訓、零件的供應等等。

圖 3-15　價值鏈圖

支持活動	企業基礎活動					盈利
	人力資源管理					
	技術開發					
	採　　購					
基本活動	內務後勤	生產過程	外務後勤	市場行銷	售後服務	

　　企業的支持活動是企業活動中除去基本活動以外、爲基本活動提供服務的貫穿於整個價值鏈的多種活動，包括採購、技術開發、人力資源管理和企業基礎活動等。採購活動是指企業投入物的購買活動，包括原材料、機械設備、人力資源等等。技術開發活動是許多獨立活動的組合，其中大部份由企業的研究開發部門完成，也有一部份發生在其他部門。人力資源管理

活動是以人爲對象的管理活動，包括人員的錄用、分派、培訓、提升、激勵等活動。

　　企業的基礎活動包括企業的公共關係、法律、財務、計劃等一般管理活動。以上這些價值活動對最終產品都有貢獻，都是企業賴以發展競爭優勢的所在，也是企業利潤的來源。但是，價值鏈的不同環節所創造的價值是不等的。因此，戰略制定者就應考慮，那些環節是戰略的關鍵環節，那些環節應集中投資，那些環節實行一體化、靠自己做比較有利，那些環節實行非一體化、給別人做比較有利。比如，美國的Sears百貨公司，擁有很好的銷售通路，但它不會生產電視機，於是它就向世界各國的電視機工廠進貨，再掛上Sears的品牌，結果取得了很好的效果。相反，如果Sears公司也去生產電視機，它可能會導致巨大的競爭壓力，因爲生產電視機的企業已經很多了。

心得欄

第 四 章

行業競爭強度分析

一、競爭力量分析法

　　決定一個企業盈利能力的首要因素，是行業的吸引力。競爭戰略必須從對決定行業吸引力的競爭規律的深刻理解中產生。競爭戰略的最終目的是運用這些規律，最理想的是將這些規律進行變換使其對企業有利。在任何行業裏，無論是在國內還是在國外，無論是生產一種產品還是提供一項服務，競爭規律都寓於如下五種競爭力量之中：新競爭者的進入，替替代品的威脅，買方的討價還價能力，供方的討價還價能力和現有競爭者之間的競爭（見圖 4-1）。

　　這五種競爭力量的集合力決定了企業在一個行業裏取得超過資本成本的平均投資收益率的能力。這五種競爭力量的強度因行業而異，並可隨行業的發展而變化。其結果是各個行業從其內在的盈利能力的角度來看並非都是一致的。在那些五種力

量都屬有利的行業中，例如醫藥業、軟飲料業和數據庫出版業等等，很多競爭廠商都能賺取具有吸引力的收益，而在那些其中一種或多種力量的壓力較爲集中的行業，例如橡膠業、鋼鐵業等等，儘管管理人員竭盡其能卻幾乎沒有那家企業贏得具有吸引力的收益。行業盈利能力不是由產品的外觀或該產品所包含的技術高低來決定，而是由行業結構所決定的。

圖 4-1　決定行業盈利能力的五種競爭力量

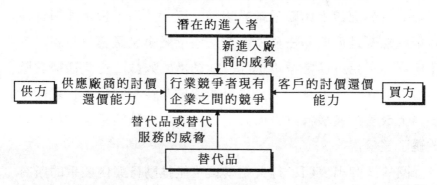

　　這五種力量決定了行業的盈利能力，其原因是它們影響了行業內的價格、成本和企業所需要的投資，即影響了投資收益率的諸要素。例如，買方力量影響著企業能夠索取的價格，替代品威脅的作用也是如此；買方的力量也可能影響到成本和投資，因爲有力的買方需要成本高昂的服務；供方的討價還價能力決定了原材料和其他各種投入的成本；競爭強度影響了產品價格，也影響了在諸如廠房設施、產品開發、廣告宣傳和推銷隊伍等各方面展開競爭的成本；新的競爭廠商進入市場的威脅限制了價格，並造成了防禦進入所需的投資。

　　五種力量中的每一種力量的長處都是行業結構或作爲行業

基礎的經濟特徵和技術特徵的一個函數。行業結構是相對穩定的，但又隨行業發展的進程而變化。結構變化改變了競爭力量總體和相對的強度，從而能夠以積極或消極的方式影響行業的盈利能力。對於戰略最為重要的行業趨勢就是那些影響行業結構的趨勢。

如果五種競爭力量及其結構的決定因素只取決於行業內在的特徵，那麼競爭戰略在很大程度上就依賴於選對行業，在對五種力量的認識上比競爭廠商略勝一籌。然而，當這些對任何企業都無疑是重要的任務，而在某些行業裏又是競爭戰略的本質所在時，企業通常並不是其行業結構的奴隸。企業通過其戰略可以影響五種力量，企業如果能改造其行業結構，它就能從根本上改善或破壞行業吸引力。很多成功的戰略都以這種方式改變了競爭規律。

圖 4-2 突出表明了行業結構裏可能推動行業內競爭的所有因素。在任何特定行業裏，並非所有五種力量都同樣重要，特別結構的重要因素會有所不同。每個行業都是獨此一家，都有其獨一無二的結構。五種力量的框架使企業能在撲朔迷離之中衝破迷霧，準確地揭示在其所屬行業裏對競爭至關重要的那些因素，並確認那些最能提高行業和企業自身的盈利能力的策略創新。五種力量的框架並不排除在行業裏探索競爭的新方式時需要發揮創造性，與此相反，它將管理人員的創造力引向對長期盈利能力來說最為重要的那些行業結構方面。在此過程中，框架的目的就是增強發現令人滿意的策略創新的可能性。

圖 4-2　行業結構的組成因素

1.潛在的進入者

進入障礙

規模經濟	必要投入的貨源
獨具一格的產品	專有的低成本產
商標的知名度	品設計
轉換成本	政府的政策
資本需求	預期的反擊
銷售管道	
絕對的成本優勢	
獨家專有的學習曲線	

新進入廠商的威脅

決事產業內競爭的因素

產業增長率	集中程式和平衡情況
固定 o 或儲存 ρ 成	信息上的複雜性
本 υ 增值	競爭廠商的多樣化
間歇性的開工不足	公司的利害關係
產品差異	退出障礙
商標的知名度	
轉換成本	

5.供方　供應廠商的討價還價能力

2.行業競爭者現有企業之間的競爭

客戶的討價還價能力　**4.買方**

替代品的威脅

3.替代品

決定供方力量的因素

投入的與眾不同
供應廠商和企業在產業裏的轉換成本
投入供用品的存在
供應廠商的集中程式
批量大小對供應廠商的重要性
與產業裏購買總量有關的成本
投入對成本或與眾不同的影響
產業裏企業前向聯合的威脅和後向聯合的威脅的比較

決定替代品威脅的因素

替代品相對價格表現轉換成本
客戶使用替代品的傾向

決定買方力量的因素

討價還價的力量	價格敏感性
客戶的集中程式和企業的集中程式	價格 υ 購買總量
客戶的轉換成本與	產品差異
企業的轉換成本的	商標知名度
比較	對品質 υ 性能的影響
後向聯合的能力	客戶的利潤
替代品	決策者的積極性
渡過危機的能力	

　　改變行業結構的戰略可能是有利也有弊的事情。因為一個企業能改善行業結構和盈利能力，也同樣能輕而易舉地摧毀它們。例如，一種能削減行業進入障礙或增加競爭局勢動盪不定的新產品設計或許會破壞行業的長期盈利能力，即使推出新設計的企業能一時獲取高額利潤。此外，曠日持久的削價可能會有損別具一格的效果，不經註冊的商品可能會增強客戶對價格的敏感性，觸發價格競爭，並削弱拒新來者於門外的廣告宣傳的高壁壘作用。由於主要鋁製品生產廠家為分散風險、降低資本成本而建立的合資企業同樣可能對其行業結構起著潛移默化

的破壞作用。主要廠家邀請了一批有潛在危險的新競爭廠商進入該行業，並幫助他們排除了進入障礙。合資企業還會因一家工廠在關閉之前必須得到合資各方的同意而加強退出障礙。

　　企業在作出戰略抉擇時往往對行業結構的長期後果置之不顧。他們只看到如果一舉成功可以增強他們的競爭地位，卻未能預見到競爭廠商的反應會造成無窮的後患。如果主要競爭廠商都步其後塵，那麼大家的日子就都不好過了。此類行業的「破壞者」通常是那些想方設法要克服其主要競爭劣勢的二級廠商，是那些問題重重、為擺脫其困境而孤注一擲的廠商，或是那些不計代價或對前途抱有不切實際幻想的「笨蛋」廠商。

　　企業改造行業結構的能力給予行業中居領先地位的廠商添加了一個特殊的負擔。居領先地位的廠商由於其規模以及對於買方、供方和其他競爭廠商的影響，所採取的行動可能對行業結構產生不同程度的影響。同時，居領先地位的廠商的高市場佔有率保證任何改變整個行業結構的因素都將同樣影響到他們自己。因此，居領先地位的廠商必須不斷調整自身的競爭地位，使其與整個行業的健康發展保持平衡；他們往往採取措施改善或保護行業結構而不是為自己謀求更大的競爭市場，由此而改善自己的競爭地位。

二、競爭強度的決定因素

　　這五種競爭勢力——新參加競爭的廠商、替代產品的威脅、買方的討價還價能力、供應方的討價還價能力，以及行業

現有競爭者之間的抗衡——反映了這一事實，即某行業的競爭完全超出了已在行業內立足的競爭者的範圍。客戶、供應方、替代產品和潛在的參加競爭者是某一行業內廠商的全部「競爭對手」，根據不同的具體情況，它們的重要性可能或多或少有些不一樣。在這種更廣泛的意義上，競爭也許可以被稱作「擴展的抗衡」。

所有這五種競爭勢力共同地確定了行業競爭的強度和獲利能力，並且從戰略制定的觀點來看，最強大的某個或某些勢力是起著支配作用的，並具有決定性意義的。例如，某家公司即使在潛在的新參加競爭者不具有什麼威脅作用的行業內擁有非常強有力的市場地位，但如果它面臨某個佔優勢的、成本較低的替代產品，那麼它將獲得較低的收益。即使不存在替代產品且阻止新競爭者的進入，現有的競爭者之間的劇烈抗衡也會限制潛在的收益。競爭強度的極端情況發生在經濟學家所謂的具有完全競爭力的行業內，即參加競爭是自由的，行業現有的廠商對供應者及客戶沒有討價還價的能力，並且由於大批的廠商和產品的情況大體相同，所以抗衡會是激烈的。

（一）進入的威脅

新進入某個行業的競爭者會帶來新的生產能力，促進獲得市場佔有率的願望，並且往往帶來可觀的財源。這種情況可能造成價格暴跌或行業內部企業費用飛漲，由此減少了獲利能力。從其他市場進入了該行業從事多樣化經營的公司常常利用其財力造成某種劇變，如菲力浦‧莫里斯公司對付米勒啤酒公

司那樣的做法。因此，企圖鞏固其市場地位而併入了某個行業
的現象可能被看作是某種參加競爭的意圖，即使並未形成什麼
新的實體。

新廠商進入某個行業的威脅取決於目前的進入障礙，同時
依賴於進入者所能預料的來自行業現有競爭對手的反應。如果
障礙是高的，或新廠商能預料到來自地位牢固的競爭對手的報
復是嚴酷的，那麼新廠商進入某行業所帶來的威脅是低的。

1. 進入障礙

進入障礙有七個主要來源：

(1) 規模經濟

規模經濟是指某項產品的單位成本(或生產某項產品所花
費的經營或職能方面的成本)隨著每個時期的絕對產量的增長
而下降。規模經濟通過迫使進入者採取大規模的進入方式並甘
冒行業現有廠商會作出強烈反應的風險，或者採取小規模進入
方式並面臨成本劣勢來阻止進入，這兩種經營方式都是令人不
快的。某家企業的幾乎每一個職能部門，其中包括製造、採購、
研究與發展、市場行銷、服務網點、銷售能力利用和分配等方
面都可能存在規模經濟。例如，施樂公司和通用電氣公司遺憾
地發現，在電腦主機行業中的生產、研究、市場行銷和服務部
門的規模經濟可能是新廠商進入該行業的主要障礙。

規模經營可能與某個完整的職能領域有關，在銷售能力方
面的情況就是如此，或者它們也許產生於特定的經營或活動，
這些經營活動是某個職能領域的組成部份。例如，在電視機製
造中，彩色顯像管生產中的規模經濟是大的，而在外殼細木技

術和整機組裝工作中，其意義就不太重要了。因此，鑑於其在單位成本與生產規模之間的特殊關係，分別研討成本的各個組成部份是很重要的。

(2)產品差異

產品差異是指已立足的廠商擁有受到確認的廠牌和客戶的忠實性，這些均產生於以往的廣告宣傳、客戶服務、產品多樣化等情況，或者僅由於首先進入該行業的種種活動所致。產品差異迫使進入者耗費鉅資去征服現有的客戶忠實性，由此造成了某種進入障礙。這種努力通常包含投產的損失，而且經歷的時期也會延長。闖出某種牌子的投資所冒的風險特別大，因為一旦進入失敗，這種投資就沒有什麼殘餘價值。

在兒童保健用品、門市零售藥品、化妝品、銀行投資及公眾會計方面，產品差異或許是最重要的進入障礙。在釀酒業中，產品差異往往在生產、市場行銷和分配方面與規模經濟結合在一起，從而產生很高的障礙。

(3)資本要求

競爭所需要消耗的巨額投資會造成某種進入障礙，尤其是該資金需用於有風險的或未能補償的、預支的廣告宣傳或研究與發展的場合。不僅生產設施需要資金，而且像客戶賒賬、存貨或彌補投產虧損之類事情也都需要資金。例如，在影印機行業中，當施樂公司選定出租影印機而不是痛快地出售影印機時，則這種做法大大增加了所需要的流動資本，因而對進入影印機行業者造成了某種較大的資本障礙。雖然今天一些大公司企業有財力足以加入幾乎任何一個行業，但是，像電腦和採礦

業這類領域對巨額資本的要求，限制了進入者可能的合夥經營。即使可在資本市場上獲得資本，但由於預期的進入方必須承擔支付利息的風險，對進入的資金使用仍具有風險。這些情況對現有的廠商是有利的。

(4)**轉手成本**

轉手成本的存在會造成某種進入障礙，這是某個買主將一個供應廠商的產品轉移到另一個供應廠商時所面臨的一次性成本。轉手成本可能包括重新培訓僱員的費用、新的輔助設備的費用、測試某項新來源或驗證其是否合格及其所花時間的費用、由於依賴賣方的工程援助導致的技術協助所需要的費用、產品重新設計費用，或者甚至由於切斷關係而造成的心理費用。如果這類轉手成本很高，那麼新的進入者必須在費用或產品性能方面作出較大的改進，以便買主從某行業內部的廠商中轉移出來。例如，在醫院裏使用的靜脈注射液及其成套器具方面，不同的競爭性注射液之間的注射病人的方式也是不同的，而且懸掛注射瓶的器具也不是可以互相通用的。在這種情況下，產品轉換會遭到負責護理的護士們的竭力抵制，並需要在懸掛器具方面作出新的投資。

(5)**進入分配管道**

新進入者為其產品獲得分配管道的需要會造成某種進入障礙。當情況發展到這樣的地步，即已立足廠商的產品供應已伸展到那些合乎邏輯的分配管道時，新廠商則必須通過價格間斷、對聯合廣告實行津貼等方法來說服這些分配管道接受其產品，這種做法會減少利潤。例如，某種新型食品的製造商必須

通過推銷契約、零售商的積極的銷售努力，或其他一些手段來說服零售商在激烈競爭的超級市場貨架上給其一席之地。

　　某產品的批發或零售管道愈是受到限制，現有競爭者愈是堵住這些管道，顯然，進入該行業將更爲艱難。現有的競爭者與這些管道的聯繫也許是基於長期的關係、高品質的服務，或者甚至與某個特定的製造商的管道所建有的專門關係。有時，對進入者的這一障礙是如此之高，以致於某個新廠商想越過它就必須開創出一條全新的分配管道，梯密克斯公司在手錶行業中就採用這種手法。

(6)不受規模支配的成本劣勢

　　無論潛在的進入者的規模如何以及是否達到規模經濟的程度，他們都無法到達類似於已立足廠商可能擁有的那種成本優勢。最至關緊要的優勢是如下這些因素：

　　①專有的產品技術：通過專利或保密手段來保持產品的專有的生產技能或設計特點。

　　②取得原料的有利途徑：也許早在原料需求比現行需求低的時候，已立足的廠商就按當時的價格封鎖了最有利的原料來源，並把可預見到的需求也凍結起來了。例如，多年前，由於弗拉希公司的採礦技術，使該公司的硫磺廠商在礦藏擁有者還沒有意識到其礦藏的價值之前就已像德克薩斯海灣硫磺公司那樣，控制了某些非常有利的大型鹽坡面硫磺礦床。然而，從事石油勘探的石油公司常常使硫磺礦床的發現者感到失望，他們並不輕率地對其作出高度的評價。

　　③有利的位置：在市場勢力還沒有哄抬價格去獲取其全部

價值之前，已立足的廠商也許就已經壟斷了那些有利的位置。

④政府補貼：政府的特惠補貼會使已立足的廠商保持其在某些企業中的長久優勢。

⑤知識曲線或經驗曲線：在某些業務中，當廠商在產品生產中獲得的經驗越積越多時，可觀察到會出現一種單位成本下降的趨勢。成本的下降是因為工人們改進了他們的作業方法並且效率愈來愈高(即典型的知識曲線)，佈局有所改善，專用設備和工序有所發展，通過設備逐漸使操作更為完美，產品設計變化使製造更為容易，測量技術和作業控制有所改進，等等。經驗只不過是某些技術變化的一個概念性名稱而已，它也許不僅僅適用於生產，而且還適用於分配、後勤和其他職能。和規模經濟的情況一樣，成本隨經驗而下降的情況與整個廠商無關，而是產生於個別的經營活動或組成廠商的個別職能部門。經驗能夠降低市場行銷、分配和其他領域的成本，以及降低生產成本或生產過程中的作業成本。對成本的每個組成部份必須加以審查，以便經驗的效能得以發揮。

⑺**政府政策**

進入障礙的最後一個主要來源是政府政策。通過對申請發放許可證的控制及對獲取原材料的限制(如在煤場或煤山上要建造滑雪場)，政府能夠限制或甚至阻止某個或某些行業的進入。比較明顯的例子是控制貨車運輸、鐵路、酒類零售、水陸空貨物轉運之類的行業。更為微妙的是，政府還能借助於大氣和水源污染標準以及產品安全和功效法規等控制手段對進入加以限制。例如，污染控制要求會增加進入所需的及技術難度所

要求的資金，甚至還需擴大最理想設施的規模。在像食品行業和其他與健康有關的產品行業中普遍流行的產品檢驗標準能夠強行使投產準備期大大延長，這不僅提高進入的基本投資，而且也使已立足的廠商能充分注意到即將發生的進入，從而有時能全面瞭解新的競爭對手的產品，以此來制定報復性戰略。政府在這些領域內的政策必然會有直接的社會效益，但也會對事先認識不足的進入產生一些副作用。

2.預期的報復

潛在的進入者對現有的競爭對手的反應所抱的期望也會影響進入的威脅作用。如果預計現有的競爭對手會作出強有力的反應，以致進入者在行業內的逗留成為一件不愉快的事，那麼進入完全有可能受到阻止。標誌著對進入有很大可能的報復並因此而阻止其進入的條件如下：

(1)對進入者的強烈報復的某種歷史記錄；

(2)擁有大量財力的已立足廠商進行的回擊，其中包括過剩現金和尚未使用過的借貸能力，能滿足未來所有可能需求的充分過剩的生產能力，或者對分配管道和客戶的巨大影響力；

(3)對行業承擔大量任務的以及得以使用行業大部份不流動資產的一些已立足廠商；

(4)緩慢的行業增長，會在不削弱已立足廠商的銷售能力和財務活動的情況下限制該行業吸收某家新廠商的能力。

(二)現有競爭者之間的抗衡強度

現有競爭者之間的抗衡採取的是人們所熟悉的爾虞我詐、

唯利是圖的形式——使用諸如價格競爭、廣告戰、產品介紹，以及增加客戶服務項目或提供保單措施等類戰術。抗衡之所以會發生是因為一個或更多競爭者感到有壓力或看到有改善其地位的機會。在絕大多數行業內，某家廠商採取的競爭性行動會對其競爭對手產生引人注目的影響，從而會觸發報復或抵制該項行動的努力；那就是說，諸廠商之間是相互依賴的。這種方式的行動和反應，也許會使發起行動的廠商以及整個行業的情況有所好轉。如果行動和抵制逐步升級，那麼該行業內所有的廠商會蒙受損失，以致其處境比過去更糟。

從獲利能力的觀點來看，有些競爭形式，例如引人注目的價格競爭，是極不穩定的，並很有可能使整個行業每況愈下。價格削減很快又很容易被對手仿效，一旦被仿效，就會降低所有廠商的收入，除非行業的價格需求彈性相當高。另一方面，廣告戰會充分擴大需求或提高該行業內的產品差異水準，以利於所有的廠商。

在有些行業內，抗衡的特點可以用這樣一些短語來形容，如「好戰的」、「痛苦的」或「殘酷的」，而在其他一些行業內，則被說成是「彬彬有禮的」或「紳士風度的」。劇烈的抗衡乃是大量相互作用的結構因素所導致的結果。

1.為數眾多的競爭者或勢均力敵的競爭者

當廠商為數眾多時，各廠商自行其是的可能性是大的，有些廠商習以為常地認為它們能隨意地採取行動而不被人察覺。甚至在廠商相對較少的場合下，如果它們在規模和可觀的財源方面保持相對平衡。不穩定性就會產生，因為它們很容易互相

較量，並擁有足夠的財力以進行持續而又激烈的報復。另一方面，當該行業高度集中或由一家或幾家廠商控制時，那麼就不存在什麼使人誤解的相對實力，並且行業領導者通過採取類似訂價領先制度的手段來強行紀律措施以及在行業內起一協調性角色的作用。

在許多行業中，無論是國外向該行業出口的或是通過國外投資直接參加的國外競爭者在行業競爭中充當一重要的角色。雖然國外競爭者與國內競爭者相比尚有些不同之處，這些以後將會指出，但從結構分析的目的出發，國外競爭者應該完全按國內競爭者那樣加以同樣對待。

2.高固定成本或高儲存成本

高固定成本對所有要充實生產能力的廠商來說會產生強大的壓力，當出現生產能力過剩時往往會導致價格削減的迅速升級。例如。像紙張和鋁之類的許多基本材料會遭受這一問題的損害。成本的重要特性是與增值價值有關的固定成本，而不是作爲總成本的一個比例關係的固定成本。儘管事實上固定成本的絕對比例是低的，但在外部輸入物資（低增值價值）中進貨成本佔很高比例的廠商會感到有巨大的壓力來充實其生產能力，以便收支相抵。

某種與高固定成本有關的情況是，產品一旦生產出來，要加以儲存是十分困難的，或者要花費很大資金。在這種情況下，爲了確保銷售，諸廠商還將容易受到略減價格的引誘。在某些行業中，如捕蝦業、危險化學品製造業和有些服務性行業中，這種壓力會使利潤保持很低的水準。

3.產品差異或轉手成本的缺乏

在產品或服務被理解為某種商品或準商品的場合下，買主的選擇主要基於價格和服務，由此導致激烈的價格和服務競爭的壓力。如已討論過的那樣，這類形式的競爭特別反覆無常。另一方面，產品差異形成一些針對衝突的隔離層，因為諸買主對一些特定的賣主有偏愛和忠實性。早已敍述過的轉手成本有著同樣的作用。

4.大量擴大的生產能力

在規模經濟支配下必須大量增加生產能力的場合，生產能力的增加經常會破壞行業的供求平衡，尤其是在把追加的生產能力串在一起的場合下要冒一定的風險。行業會面臨再次發生生產能力過剩和價格削減的時期，就像那些製造氯、乙稀基氯化物和氨肥行業所面臨的苦惱那樣。

5.形形色色的競爭者

在戰略、起源、個性以及與其母公司的關係上備不相同的競爭者會有各種不同的目標、對如何競爭有著不同的戰略，並有可能在交往的過程中不斷地互相殘殺。他們也許要度過一段艱難的時期才能精確地理解彼此的意圖，並對該行業的一系列「競賽規則」取得一致意見。戰略上的抉擇對某個競爭者來說是正確的，而對另一個競爭者來說則有可能是錯誤的。

由於所處的環境不同及目標常常變化，國外競爭者往往給行業增添了大量的多樣性。獨自經營的小型製造廠商或服務公司也會遇到同樣的情況，因為他們滿足於一般低於正常投資報酬率的收益以維持其私人所有制的獨立性，然而對於一個公認

的大型競爭者來說，這種低收益是無法接受的，並且顯然是不合理的。在這樣一種行業內，這類小型廠商的姿態也許會限制大型公司的獲利能力。同樣，那些把市場看作是（在傾銷的情況下）剩餘生產能力的某種出路的廠商將會採取與那些把市場看作是一種主要出路的廠商截然相反的政策。最後，參與競爭的營業單位與其上級公司的關係方面所存在的差異也是某個行業的多樣性的一種重要來源。例如，如果某個營業單位是其公司組織的垂直化連鎖企業中的某個組成部份，那麼它完全有可能採取不同的目標，甚至是相抵觸的目標，而不像在同行業中參加競爭的某家獨立自主的小廠商。或者，如果某個營業單位在其母公司的業務範圍中處於「金牛」位置，那麼它將有區別地採取行動，而不像在該母公司中由於缺乏其他機會、為了長期增長正處於發展中的那種單位。

6. 高度戰略性賭注

如果大量廠商在某個行業內為了取得成功而下了很高的賭注，那麼該行業內的抗衡會變得更加反覆無常。例如，某家從事多種經營的廠商會十分強調其在某個特定的行業中所取得的成功，以便促進其公司全面戰略的形成。或者，某家國外廠商，如博希、新力或菲力浦等公司，會感覺到有一種要在美國市場上確立牢固地位的強烈需要，以便樹立全球性威望或技術上的信譽。在這種情況下，這類廠商的目標也許不僅形式不同，而且是更加不穩定的，因為這些目標具有擴張性並包含有犧牲獲利能力的潛在願望。

7.較高的退出障礙

退出障礙系指經濟上、戰略上和情緒上的使公司在諸企業中保持競爭狀態的因素，即使它們獲得的投資報酬是低的或甚至是負的。退出障礙的主要來源如下：

(1)專門資產：高度專門用於特定的企業或地點的資產，具有較低的清算價值或較高的轉讓費用或兌換成本。

(2)退出的固定成本：這類成本中包括勞工協定、安置費用、零件的維修能力，等等。

(3)戰略上的相互關係：營業單位和公司內其他單位之間在商譽、行銷能力、進入金融市場的途徑、分攤的設施等方面的相互關係。這種相互關係使廠商把高度戰略性的重點放在所從事的業務上。

(4)情緒上的障礙：由於對特定企業的自居作用、對僱員的忠實心理、對自己個人的職業生涯的擔心、自豪感及其他原因，使管理部門不願意作出從經濟上來說是正確的退出決定。

(5)政府和社會的限制：這類限制包含著政府因擔心失業問題和局部性經濟影響而拒絕接受退出或勸阻退出；這類限制在美國國外尤其普遍。

當退出障礙高時，過剩的生產能力並未脫離該行業，而且那些在競爭較量中失敗的公司也沒有認輸。相反，它們將堅韌不拔地維持下去，而且由於它們的弱點，不得不求助於極端的戰術。結果，整個行業的獲利能力只能繼續保持較低的水準。

雖然從概念上來說退出障礙與進入障礙是有區別的，但它們的共同水準卻是行業分析的一個重要方面。退出障礙與進入

障礙往往是彼此相關的。例如，生產中的相當可觀的規模經濟通常是與專門資產相聯繫的，就如專有技術的存在情況一樣。

以簡化的情況為例，在該情況下退出障礙和進入障礙既能高又能低：（見圖 4-3）

圖 4-3　障礙與獲利能力

退出障礙

	低	高
低	低的、穩定的收益	低的、有風險的收益
高	高的、穩定的收益	高的、有風險的收益

進入障礙

從行業利潤的觀點出發，最佳情況是進入障礙高而退出障礙低。在這種情況下，進入將被阻止，而失敗的競爭對手將退出該行業。當進入障礙和退出障礙都處於高水準時，潛在的利潤是高的，但通常伴隨著更大的風險。雖然進入被阻止，但失敗的廠商仍將留在行業內繼續奮鬥。

進入障礙和退出障礙兩者都低的情況是不足以令人振奮的，但最糟糕的情況則是進入障礙是低的而退出障礙卻是高的。在這種情況下，進入將會被經濟狀況的好轉或其他暫時的意外收穫所吸引而容易告成。然而，當種種結果日趨惡化時，生產能力也不至於會退出該行業，由此而造成生產能力積壓在該行業內，以致獲利能力長期不振。例如，某個行業有可能處於這樣一種倒楣的情況，如果供應方或貸方將欣然同意地去資助進入行動，但是一旦進入成功，該廠商將面臨巨額的固定籌

資費用。

(三)來自替代產品的壓力

從廣義上說，某個行業內的所有廠商都在與生產替代產品的行業進行競爭。替代產品通過規定某個行業內的廠商可能獲利的最高限價來限制該行業的潛在收益。替代產品所提供的可供選擇的價格指標愈是吸引人，則對行業利潤的限制更爲嚴格。

正如乙炔和人造纖維製造商曾在其各自的許多應用領域內遭遇過來自可供選擇的低成本原料的激烈競爭，今天，一些面臨大規模高濃度果糖玉米糖漿（一種糖的替代品）商品化挑戰的制糖商們正在接受這個教訓。替代產品不僅在正常時期限制利潤，而且還在繁榮時期減少某個行業所能獲取的財源。1978年，由於能源成本高漲加以冬天氣候酷寒，絕緣玻璃纖維製造商得以享有前所未有的需求，但是該行業的提價能力卻被過多的絕緣替代品的衝擊而緩和下來了，其中包括纖維素、石棉和聚苯乙烯泡沫塑料等。一旦爲了滿足一時的需求，工廠一窩蜂地進行擴建，從而提高了生產能力，那麼這類替代產品必然會更強有力地限制著獲利能力。

識別替代產品是一件尋求能履行與該行業產品相同功能的其他產品的事情。有時這麼做可能是一項微妙的工作，且該項工作是要將分析家引入似乎與該行業完全無關的事務中去。例如，證券經紀人正不斷地遭遇到這樣一些替代物，如房地產、保險、金融市場基金，以及其他個人投資的方法等。

與替代產品相比，地位也許完全是一件涉及行業集體行動

的事。例如，由某家廠商所進行的廣告活動可能還不足以支持該行業反對某一替代產品的立場，但由行業所有參加者進行的大量而又持久的廣告活動卻完全有可能改善該行業的集體地位。同樣的論點還適用於諸如產品品質改進、行銷努力、提供更大的產品有效性等領域內的集體反應。

最值得引起注意的替代產品是：①容易受改進其價格指標、並可與該行業產品相交換的產品的趨勢所支配；②是由獲得高利潤的行業所生產的產品。在後者的情況下，如果某種發展增加了其行業內的競爭並引起價格下降或性能改進，那麼替代產品往往會迅速地發揮作用。在決定是否從戰略上設法阻止某種替代產品，還是以此作爲一種不可避免的關鍵因素來制定戰略，那麼對這種趨勢加以分析乃是重要的。例如，在安全防衛行業中，電子警報系統就代表一種強有力的替代產品。而且，由於勞力密集型的防衛服務行業正面臨不可避免的成本升級，它們只能變得越來越重要，而電子系統卻有可能要改進其防衛性能和降低其成本。在這種情況下，基於把安全警衛員重新解釋爲一個熟練的操作人員，安全防衛公司的正確反應可能在於提供整套的警衛裝置和電子系統，而不想使電子警報系統在整個部門中競爭失敗。

（四）買方的討價還價能力

買方通過迫使價格下跌與行業競爭，指望獲得更高的品質或更多的服務，在完全損害行業獲利能力的情況下擺佈競爭者們彼此作對。每個行業的主要買主集團的這種討價還價能力取

決於其市場狀況的許多特徵以及在與其總的業務活動相比較下從某行業進貨的相對重要性。如果下列情況適用，則某個買主集團便是強有力的。

1.相對於賣方來說，買方是集中或進貨批量是大的

如果某個特定的買主的進貨額佔銷售的比例很大，其結果會提高該買主業務的重要性。如果行業的特徵是固定成本很大，那麼大批量進貨的買方就成爲特別強有力的勢力——例如，就像它們在精製穀物和大宗化學製品中所作的那樣——並提高了爲使生產能力得到充分發揮所下的賭注。

2.買方從行業購買到的產品代表其成本或購買活動方面的一個重要組成部份

在這種情況下，買方易於花費必需的財力以便購買優惠價格的產品並能有選擇地進行採購。當行業出售的產品只佔買方成本的一小部份時，買方通常對價格就不那麼敏感。

3.買方從行業購買的產品是標準的或無差異的

如果買方確信始終能找到可供選擇的供應方，那麼它們會擺佈某家公司去與另一家公司作對，就如它們在鋁製品行業中所作的那樣。

4.買方幾乎不面臨什麼轉手成本

早就明確過，轉手成本會把買主與特定的賣方緊密連接在一起。相反，如果賣主面臨轉手成本就會提高買主的討價還價能力。

5.買方掙的是低利潤

低利潤會對較低的進貨成本產生極大的刺激。例如，克萊

斯勒公司的供應方一直在抱怨它們爲了爭取優惠條款而正在受到壓力。然而，獲利能力高的買方一般對價格的敏感較小（當然是指該項價格如果不佔其成本的很大部份），並且從更長遠的觀點來看會有助於保護其供應方的興旺狀態。

6.買方形成一種可信的後向一體化的威脅

如果買方已部份一體化或者形成可信的後向一體化的威脅，那麼它們就能夠要求減價優惠。大型汽車製造商，如通用汽車公司和福特汽車公司，就是利用這種「自造」威脅作爲討價還價的手段而出名的。它們從事所謂漸縮一體化的實踐，即在公司內部生產其所需的某個特定的部件，其餘的零件則向外部的供應商進貨。不僅其進一步一體化的威脅尤爲可信，而且在公司內部進行部份製造使其能詳細瞭解有助於談判的成本情況。當行業內的廠商對買方行業形成前向一體化的威脅時，買主的討價還價能力就會部份地被抵銷掉。

7.行業的產品對買方產品或服務的品質無關緊要

當行業的產品對買方產品的品質有很大的影響時，買方一般對價格的敏感較小。處於這種形勢的行業包括油田設備行業，一旦某個產品發生故障會導致很大的損失（最近在墨西哥一個近海油井內因防噴器發生故障所蒙受的巨額損失就是一個例證），以及製造電子醫療和測試儀器外包裝的行業，這類外包裝的品質如何會大大影響用戶對包裝內設備品質的印象。

8.買主擁有全面的信息

如果買主擁有有關需求、市場實際價格，甚至供應廠商成本等全面信息，這種情況通常會使買主產生比在信息貧乏時更

大的討價還價的力量。擁有全面的信息，買主就更能確保其接受提供給其他買主的最有利的價格，並能夠對付供貨廠商在其生存權利受到威脅時所提出的申訴。

　　上述買方討價還價能力的來源絕大多數可以歸因於消費者以及工商業買主；只是有必要對其準則加以修改而已。例如，如果消費者們正在購買那些毫無差異、與其收入相比價格還是昂貴的、或者其品質對他們來說並不特別重要的產品，則他們趨向於對價格更爲敏感。批發商和零售商的買方討價還價能力取決於上述同樣的條例，但還需添加一條重要的條例。當零售商能夠影響消費者的購買決定時，他們就能得到比製造商更有效的討價還價能力，正如他們在音響元件、珠寶、用具、體育用品和其他產品方面所做的那樣。如果批發商能夠影響零售商或其他批發對象的進貨決定，那麼他們能同樣地得到討價還價的能力。

9.改變買方的討價還價能力

　　當上述因素隨時間或由於公司的戰略性決定而發生變化時，買方的討價還價能力會自然地上升或下降。例如，在成衣行業內，當買方(百貨商店和服裝商店)越來越集中，而其控制權則已轉移給一些大的連鎖商店時，該行業就處於不斷增長的壓力之下，並蒙受毛利的下降，該行業就不能使其產品差異化或產生能卡住其買主緩和這種趨勢的轉手成本，即使進口產品湧入其市場也無濟於事。

　　一家公司選擇買主集團作爲其銷售對象應被看作是一項至關緊要的戰略決策。某家公司可以通過找到擁有最小能力足以

起反作用的買主來改善其戰略姿態——換句話說，即買主選擇。某家公司所有的買主集團難得享有同等的討價還價能力。即使某家公司出售其產品給某一單獨行業，那麼該行業記憶體在的諸部門通常比其他部門運用討價還價的能力要小（因此對其價格敏感也更小）。例如，絕大多數產品的更新市場比原始設備市場對價格的敏感要小。

（五）供應方的討價還價能力

供應方可以通過提價或降低所購貨物和服務的品質等威脅向某個行業內的參加者運用討價還價的能力。由此，實力強大的供應方能夠從某個無法用自己的價格去彌補成本增長的行業中榨取利潤。例如，化學品公司通過提價的辦法有損於氣溶膠包裝商的獲利能力，因為這些包裝商正面臨來自買方自造產品的激烈競爭，從而限制了其提價自由。

使買方變得強大的條件也反映出那些使供應方變得強大的條件。如果下述情況適用，那麼某個供應廠商集團便是強有力的：

1.供應方是由幾家公司控制並且比其銷售對象的行業更為集中。向更為分散的買方進行銷售的供應方通常能夠對價格、品質和貿易條件等方面施加相當大的影響。

2.供應方不必同出售給該行業的其他替代產品作競爭。如果供應方同替代產品競爭的話，即使更大、更強有力的供應方，其討價還價能力也會受到牽制。例如，即使對個別買主來說個別廠商是相對大的，但生產增甜劑代用品的供應方仍激烈地為

爭取更多的應用而競爭。

3.該行業並不是供應廠商集團的一個重要客戶。當供應廠商向諸多行業出售時，而某個特定的行業並不代表其銷售的一個重要組成部份時，供應方更傾向於運用討價還價能力。如果該行業是一個重要客戶，那麼供應方的命運將與該行業緊密地聯繫在一起，從而這些供應方將會通過合理定價和對那些像研究與發展以及遊說疏通之類的活動進行協助來保護該行業。

4.供應方的產品是對買主業務的一種重要投入。這種投入對於買主在製造技術或產品品質方面取得成功具有重要意義。這種做法會提高供應廠商的討價還價能力。當這種投入不可儲存時，情況尤其如此，從而促使買主得以逐步擴充其庫存量。

5.供應廠商集團的產品有差異或已建立了轉手成本。面向買方的產品差異或轉手成本阻止買方隨意擺佈某家供應廠商去與另一家供應廠商作對。如果供應廠商面臨轉手成本，則效果適得其反。

6.供應廠商集團形成一種可信的前向一體化的威脅。這種威脅牽制了行業改善其進貨條件的能力。

我們通常把供應方看作是其他一些廠商，但勞動力也必須被看作是一個供應廠商，即在許多行業內能發揮極大的討價還價能力的供應廠商。大量經驗表明，缺乏高度技術熟練的僱員以及緊密團結於工會的勞動力會廉價出售掉一個行業內有潛在利潤的某個重要組成部份。當把勞動力作為一個供應方時，確定其潛在的討價還價能力的原則類似於剛討論過的那些原則。對評估勞動力的討價還價能力所需補充的一些重要原則是勞動

力的組織程度，以及所缺乏的各種勞動力的供給來源是否能夠擴大。在勞動力已被緊密組織起來或者所缺乏的勞動力的供給來源受到抑制時，勞動力的討價還價能力可能會高些。

確定供應方能力的條件不僅容易發生變化，而且往往是廠商所無法控制的。然而，當廠商具備買方討價還價能力時，它有時能夠通過戰略來改善其處境。這種廠商可以增強其後向一體化的威脅，以求排除轉手成本或類似的不利因素。

三、競爭者分析

在討論競爭者分析的每個組成部份之前，確定一下應該研討那些競爭者是很重要的。很清楚，必須分析所有重要的現有競爭者。然而，對可能出現的潛在競爭者加以分析也是很重要的。預測潛在的競爭者並不是一件容易的工作，但往往可以通過下列歸類加以識別：

(1)不在該行業內但能夠很容易克服進入障礙的那些廠商；

(2)該行業內的具有明顯的協同作用的那些廠商；

(3)認為行業內的競爭只是公司戰略的一種明顯的延伸的那些廠商；

(4)那些有可能進行後向一體化或前向一體化的客戶或供應商。

另一個有潛在價值的實踐是試圖在已立足的競爭者之間或在有牽連的外來競爭者之間推測其合併或兼併的可能性。合併能夠即時推動某個弱小的競爭者一舉成名，或者使某個已經難

以對付的競爭者實力增強。預測正在兼併的廠商所遵循的邏輯
與預測潛在的進入者相同。預測行業內的兼併目標除了考慮其
他一些方面外，還可以依據其所有權情況、應付行業發展前途
的能力，以及作爲該行業的經營基礎的潛在的吸引力。

（一）競爭者的目標

由於種種理由，競爭者分析的第一個組成部份，判斷競爭
者的目標（以及如何根據這些目標來衡量自己）是很重要的。對
目標的瞭解將有助於推斷每個競爭者是否對其目前的地位和財
政成果感到滿意，並由此推斷該競爭者改變戰略的可能性以及
對於外部事件（如商業循環）或其他廠商的行動所作出的反應的
力量有多大。例如，與一家對保持投資收益率最感興趣的廠商
相比，一家珍惜銷售穩步增長的廠商可能對一種商業下降趨勢
或對於另一家公司取得的市場佔有率增長作出迥然不同的反
應。

瞭解某個競爭者的目標還將有助於推斷其對戰略變化的反
應。已知某個競爭者的目標及其可能面臨來自母公司的任何壓
力，則某些戰略變化將比其他東西對競爭者有更大的威脅。這
種威脅的程度將影響報復的可能性。最後，對某個競爭者目標
的判斷有助於解釋該競爭者採取主動行動的嚴重性。某個競爭
者所採取的一項戰略行動如果表達了其中的一個中心目標或是
針對某個關鍵目標尋求恢復其經營活動，則這種行動並不是一
種偶然事件。同樣，對其目標的判斷將有助於確定某個母公司
是否將認真地支援其某個營業單位所採取的主動行動，或者確

定其是否將為該營業單位針對競爭對手採取報復行動時作後盾。

圖 4-4　競爭者分析的組成部份

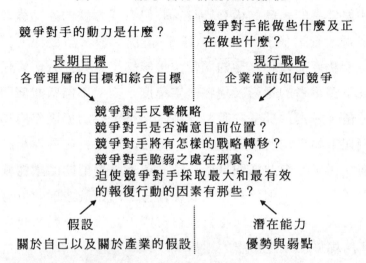

對競爭者的未來目標的分析應包含以下問題：

(1)競爭者已聲明和未聲明的財政目標是什麼？在目標確定中競爭者如何作出內在的權衡，例如長期經營活動與短期經營活動之間的權衡？利潤與收益增長之間的權衡？

(2)競爭者對風險抱什麼態度？如果財政目標基本上是由獲利能力、市場地位(佔有率)、增長率及風險的合適水準所組成，那麼競爭者將如何出來平衡這些因素？

(3)競爭者是否擁有廣泛分享或由高級管理部門掌握的經濟方面或非經濟方面的組織準則或信條，這些準則或信條是否大大影響其目標？它是否想成為市場領導者(如德克薩斯儀器公司)？行業政治家(如可口可樂公司)？持異見者？技術領導

者？它是否具有仿效已被訂入某項目標中去的某種特定戰略或實用政策的傳統或歷史？是否強烈地堅持有關產品設計或產品品質的觀點？是否有地區上的偏愛？

(4)競爭者的組織結構（職能結構、已有或暫缺的產品經理人員、各個研究與發展實驗所，等等）情況如何？對於像資源分配、定價和產品變化之類的關鍵決策該結構是如何分配責任和權力的？競爭者的組織結構在一定程度上表明不同職能部門的相對地位，並提供那些在戰略上被認為是重要的協調作用和重點。例如，如果銷售部門是由一位直接向總裁報告的高級副總裁擔任主任，而製造部門是由一位向負責後勤部門的副總裁報告的主任所領導，則這種情況表明銷售部門比製造部門更有權勢。負有決策責任的部門將會提供有關最高管理部門想要對這種組織結構施加什麼影響的線索。

(5)控制和獎勵制度是否適當？對高級職員是如何進行酬報的？對銷售人員是如何進行酬報的？經理人員是否擁有股份？是否有適當的分期付酬制度？經營活動定期跟蹤的措施是什麼？間隔時間有多長？雖然所有這些情況有時很難加以辨別，但它們對於競爭者認為什麼是重要的及其經理人員在指望獲得報酬的情況下將對事件如何作出反應等方面會提供重要的線索。

(6)是否有適當的會計制度和慣例？競爭者是如何評價存貨的？如何分配成本的？這類涉及會計政策的問題會強烈地影響競爭者對其經營活動的理解力、對其成本的看法及其定價的方法，等等。

(7)構成競爭者的領導部門，尤其是最高行政官員是那類經理人員？其背景和經歷如何？看來有可能獲得獎勵的是那類較年輕的經理人員，其明顯的重要性是什麼？在僱進公司的外來者位置上是否存在著足以表明該公司正要採取某種方向的任何模式？例如，比克公司具有一種明確表示要從行業外部僱用人員的策略，因為它認為需要採取一種不落俗套的戰略。處於領導地位的經理人員是否即將引退嗎？

(8)管理部門中間有關未來的方向究竟存在多少明顯的一致性？其管理部門的各個派別是否正在支援不同的目標？要是這樣的話，這就有可能導致戰略上的突變，如同權力轉變那樣。相反，一致性可能導致極大的持久力，甚至在面臨逆境時還可能導致頑固性。

(二)競爭者的假設

競爭者分析中的第二個至關緊要的組成部份是識別每個競爭者的假設。這些假設分成兩大類：

(1)競爭者對自己的假設。

(2)競爭者對行業及行業內其他公司的假設。

每家廠商都是在對自己所處的境況進行一系列假設的基礎上經營業務的。例如，它可能把自己看作是一家有社會意識的廠商，看作是行業的領導者，看作是低成本生產商，看作是擁有最佳銷售能力的廠商，等等。這類有關自己境況的假設將指導該廠商的行為方式及其對事件作出反應的方式。例如，如果某一廠商認為自己是低成本生產商，則可能用自己的削價去試

圖懲戒某個削價者。

一個競爭者對其自身境況所作的假設可能是精確的，也可能不是。在假設不夠精確的場合下，這就提供一種有迷惑力的戰略手段。例如，如果某個競爭者認為它在市場上擁有最大的客戶忠實度，但其實並非如此，那麼一種挑逗性的價格削減可能是獲得地位的有效方法。該競爭者可能斷然拒絕與價格削減相較量，它認為這種價格削減不會對其市場佔有率產生什麼影響，直到它認識到自己假設中的錯誤，才發現已失去了重要的市場地位。

識別競爭者的假設可通過對以下問題的分析：

⑴根據競爭者的公開陳述、管理部門和銷售人員的主張，及其他跡象，在成本、產品品質、技術的尖端性，及其業務的其他關鍵方面，該競爭者看來對其有關的地位是怎麼認為的？它是如何看待自己的強弱點的？這些看法是否精確？

⑵競爭者是否在歷史上或情緒上對一些特定的產品或特定的實用政策有強烈的識別能力，諸如對產品設計方法、對產品品質的要求、製造地點、銷售方法、分配措施，等等，其中那一方面將會牢固地堅持下去？

⑶是否有什麼會影響競爭者對事件的覺察和重視程度的文化上、地區上或民族上的差別？這方面的例子很多，僅舉一例，德國的公司有時寧可在損害單位成本和市場行銷的情況下非常傾向於生產和產品品質。

⑷是否有什麼嚴密制訂的組織準則或法規會影響對事件的看法？還有什麼公司創始人當初強烈信奉的政策至今仍在延續

起作用？

(5)競爭者看來對產品的未來需求及對行業趨勢的深遠意義是怎麼認為的？是否因為對需求毫無根據的疑問而對增加生產能力猶豫不決，或是因為相反的原因而可能過多地建設？這是否易於導致錯誤地估計特定趨勢的重要性？例如，當行業可能不在集中時，是否認為它正在集中？這些方面都是可能建立那些戰略的契機。

(6)競爭者對其競爭對手的目標和潛在能力是怎麼認為的？它是否將過高或過低地估計其中任何一位競爭對手？

(7)競爭者看來是否相信行業方面的「傳統信條」或那些並不反映新市場狀況的歷來的經驗主義和一般的小型行業所採用的方法？所謂傳統信條是指這樣一些概念，諸如:「每家廠商都必須具有十分豐富的產品種類，」「勸說客戶們買更高價的東西，」「某方必須控制該行業中的原料來源，」「分散經營的工廠是最有效率的生產系統，」「某方需要大量的零售商，」等等。從某個競爭對手的報復的適時性和有效性出發去識別傳統信條在何處不適當或在何處能夠加以改變可產生有利的結果。

(8)一個競爭者的假設完全有可能微妙地受到其現行戰略的影響，並在其現行戰略中得到反映。通過對過去和現在的情況加以去偽存真，可以看到行業中發生的新事件，而這種做法不一定會通向客觀現實。

(三)競爭者的現行戰略

競爭者分析的第三個組成部份是逐步展開對每個競爭者的

現行戰略的陳述。最有用的做法是把某個競爭者的戰略看作是在該營業單位的各個職能領域內的主要的經營策略以及該營業單位如何尋求把這些職能互相聯繫起來的途徑。這種戰略也許是明確的，也許是含蓄的——是始終以這種方式或那種方式存在的一種戰略。

(四)競爭者的潛在能力

現實地評價每個競爭者的潛在能力是競爭者分析過程中的最後一個判斷步驟。競爭者的目標、假設和現行戰略將會影響某個競爭對手作出反應的可能性、時間選擇、性質和強度。競爭者的強弱點將會確定其發起戰略行動或對戰略行動作出反應的能力，以及對付週圍及行業內所發生的事件的能力。

競爭者的潛在能力包括以下幾個方面：

1.核心潛力

(1)競爭者在各個職能領域內的潛在能力如何？其最佳能力在那個職能部門？最差能力在那個職能部門？

(2)競爭者如何符合其戰略一致性檢驗的要求？

(3)隨著競爭者的日趨成熟，在那些潛在能力中有無可能出現一些變化？這些變化將隨著時間而增長還是減少？

2.增長能力

(1)如果競爭者增長，其潛在能力將會增長還是縮小？在那些領域？

(2)在人員、技能和工廠的生產能力方面，競爭者的增長能力如何？

(3)在財政方面競爭者能承受的增長如何？假定以杜邦分析系統作分析，它能隨行業而增長嗎？它能增長市場佔有率嗎？能承受增長對籌集外部資金的敏感性如何？想要取得良好的短期財務成果嗎？

3. 迅速反應的能力

(1)競爭者對其他競爭者的行動作出迅速反應的能力或發動即時進攻的能力如何？這種能力由下列因素來確定：

(2)未支配的現金儲備

(3)儲備的借貸能力

(4)過剩的工廠生產能力

(5)尚未推出的但已不能流行的新產品

4. 適應變化的能力

(1)競爭者的固定成本相對於變動成本的情況如何？其未利用成本潛力如何？這些情況將影響其對變化可能作出的反應。

(2)競爭者對各個職能領域內變化的條件的適應和反應能力如何？例如，競爭者能否適應：

(3)成本方面的競爭？

(4)管理更複雜的產品種類？

(5)增加新的產品？

(6)服務方面的競爭？

(7)市場行銷活動中的逐步升級？

(8)競爭者能否對外部可能發生的事件作出反應，如

(9)持續高漲的通貨膨脹率？

(10)使現有廠礦過時的技術變化？

⑾經濟衰退？

⑿工資率的增長？

⒀將會影響本企業的政府最有可能採用的規章形式？

⒁競爭者有否退出障礙，這種障礙將趨向於阻止其按比率縮減或剝奪其在行業中的經營活動？

⒂競爭者是否與其母公司的其他單位分享製造設施、銷售人員，或其他設施或人員？這些情況會對適應性造成抑制且可能妨礙成本控制。

5. 持久耐力

⑴競爭者對維持一場長期的較量的能力如何，這種能力可能會對收益或現金流通施加壓力嗎？這種能力將是下列要考慮的一種職能：

⑵現金儲備

⑶管理部門之間的一致性

⑷其財務目標中的長時間水準

(五)將四個組成部份合在一起——競爭者反應輪廓

對某個競爭者的未來目標、假設、現行戰略和潛在能力進行了某種分析之後，我們就能開始提出一系列有關該競爭者可能如何作出反應的輪廓的至關緊要的問題。

1. 進攻性行動

第一步是要推測競爭者可能發動的戰略變化。

⑴對現行地位的滿足

將競爭者的目標與其現行地位相比較，競爭者是否有可能

想要發動戰略變化？

⑵可能採取的行動

根據競爭者與其現行地位有關的目標、假設和潛在能力，它最有可能將作出些什麼樣的戰略變化？這類變化將反映競爭者對未來的見解，及其對自身實力的看法，它認為那一位對手易遭致攻擊，它喜歡怎樣去競爭。由最高管理部門帶給營業單位的偏見，以及由先前分析中所提出的其他要考慮的問題。

⑶行動的強度和嚴肅性

對某個競爭者的目標和潛在能力進行的分析能夠被用來評估這類可能採取的行動的預期強度。這對於評估該競爭者可能從這類行動中獲得什麼收益也是很重要的。例如，有一項行動將使該競爭者能與其他部門分攤成本，從而戲劇性改變其相對的成本地位，這一行動可能比起一項在市場行銷效果中導致增量收益的行動來，其意義要大得多。對從該行動中可能獲得的收益結合對該競爭者目標的瞭解來進行的分析，將表明競爭者在面臨抵抗的情況下是多麼認真地去從事該項行動的。

2.防禦性能力

塑造一個反應輪廓的下一步驟是要開立出一張某廠商在該行業內可能制訂的可行性戰略行動範圍的清單，以及一張該行業可能發生的變化和環境變化的清單。

⑴易受攻擊性

競爭者最易受到攻擊的是那些戰略行動以及那些政府的、宏觀經濟的或行業的事件？什麼事件具有不對稱的獲利後果，即對某個競爭者的利潤影響比對發起行動的廠商的利潤的影響

是大還是小？那些行動可能需要這麼多的資金去進行報復或仿效，以致於使該競爭者無法冒險去採取這類行動？

(2)挑釁

什麼行動或事件將會挑起競爭者們之間的報復，即使報復可能花費昂貴並導致邊際財務成果？即，是什麼行動如此威脅到某個競爭者的目標或地位，以致於被迫進行報復，不論其是否願意？大多數競爭者都會有「麻煩環節」，或某一單位的某些領域內有某種威脅將會導致不相稱的反應。「麻煩環節」反映了強烈堅持的目標、道義上承的義務，以及諸如此類的情況。只要有可能，就要迴避之。

(3)報復的有效性

已知該競爭者目標、戰略、現有的能力和假設，它被什麼行動或事件所阻止而不作出迅速而有效的反應？可能採取什麼行動過程可使競爭者在此過程中不會有什麼效果，如果試圖與之較量或競爭的話？

3.選擇較量地點

假定競爭對手們將會對某廠商發起的行動進行報復，該廠商的戰略議事日程將為其與競爭對手們一決雌雄選擇最佳的較量地點。這一較量地點是競爭對手們未作好充分準備、最不熱衷於，或對競爭最感不舒服的市場面或戰略範圍。最佳的較量地點可能是在成本基礎上的競爭，集中在產品種類的高檔產品或低檔產品，或者集中在其他領域。

理想的狀況是要找到一項使競爭對手們對其現狀毫無反應的戰略。競爭對手們的過去和現行戰略的傳統會使其對要仿效

的某些行動得花費一筆很大的費用，而對發起行動的公司來說，則困難和費用都很少。例如，當福爾傑公司的咖啡用削價的辦法入侵麥氏公司在東部的據點時，對麥氏公司來說，由於其較大的市場佔有率，要戰勝這種削價的費用是巨大的。

　　另一個來自競爭者分析的關鍵性戰略概念是給競爭對手們造成混合動機或相抵觸的目標這樣一種形勢。這種戰略包含著找到某些雖會遭到有效的報復，但會傷害競爭對手更廣的地位的行動。例如，當國際商業機器公司用它自己的微機來對微機的威脅作出反應時，它可能加快其大型電腦增長率的下降，並加速向微機的轉化。使競爭對手們處於相抵觸目標的形勢之中，對於進攻那些已在其市場內取得成功的、已立足的廠商來說，可能是一項非常有效的戰略措施。小型廠商和新進入的廠商往往在該行業內現有的戰略中沒有什麼傳統，並能夠通過找到懲處那些在這類現有戰略中下了賭注的競爭對手的戰略而獲得極大的收益。

心得欄

第 五 章

行業不同發展階段的戰略選擇

一、成熟行業的競爭戰略

　　許多行業從迅速增長時期過渡到較爲適度增長的時期，作爲其演化過程的組成部份，一般稱作行業成熟時期。70年代中期和末期，履帶式雪上汽車、手搖電腦、網球場地設備，以及積體電路等就是一些正經歷這種過程的行業。行業成熟並非在某個行業發展過程中的任何一個固定點上發生，並且通過種種創新或其他激勵行業參加者保持持續增長的事件能夠推遲其發生。此外，在對戰略突破作出的反應中，成熟的行業可能恢復其迅速的增長並由此經歷不止一個過渡階段才達到成熟。然而，記住這些重要的條件，讓我們來考慮正在某個行業成熟過渡中所發生的情況以及一切可用來阻止這種過渡的可能性。

　　當行業成熟過渡發生時，對一個行業內的諸公司來說，它幾乎總是一段至關緊要的時期。這是一段在諸公司的競爭環境

方面常常會發生種種根本性變化的時期，也是需要作出各種艱苦的戰略反應的時期。有時，諸廠商很難清晰地覺察到這些環境的變化；即使這些變化被覺察時，對這些變化作出反應也會要求廠商改變其本來不願改變的戰略。

（一）成熟行業的競爭環境

行業成熟過渡時期常常能發出有關某個行業競爭環境中的一系列重要變化的信號。其中一些可能的變化趨勢如下：

1.緩慢的增長意味著對市場佔有率更激烈的競爭

由於諸公司僅僅保持市場佔有率而無法維持歷史上的增長率，競爭的注意力就會轉向從內部來攻擊其他公司的市場佔有率。1978年在洗碟機行業內發生過這種情況，當通用電氣公司和梅塔格電器公司都開始在更高價的市場面內放肆地向霍巴特公司進攻時，這種競爭變得越來越激烈。加劇的市場佔有率競爭需要對一家公司的前景從根本上重新加以定向，並且需要對競爭對手將如何行動和反應作出一整套完全新的設想。過去所獲得的有關競爭對手的特點和反應的情況如果不予拋棄，就必須重新加以評估。不僅競爭對手有可能越來越敢作敢為，而且錯誤觀念和「不合理的」報復的可能性也很大。在行業成熟過渡時期中，在價格、服務和推銷方面爆發衝突是很普通的事。

2.行業內的廠商正在日益加緊向有經驗的老買主出售

雖然產品不再是新的，但它是一種已立足的、合法的產品。由於已購買過該產品，有時重覆地購買過多次，所以買主們往往越來越有見識和經驗。買主們的目標集中點從決定是否要購

買該產品轉向在廠牌之間作出選擇。與這些導向不同的買主們打交道需要從根本上對戰略作出重新評價。

3.競爭往往轉向更注重成本和服務方面

由於較緩慢的增長、更有見識的買主，以及通常更高的技術成熟度的結果，競爭就會趨向於變得越來越具有成本導向和服務導向。這種發展改變了行業內要取得成功的必要條件，並且可能要求在一個以往常常在其他領域內進行競爭的公司裏，對「生活方式」進行戲劇性的重新定向。在成本方面增加的壓力還可能通過迫使廠商獲得最現代化的設施和裝備而增加對資本的要求。

4.在增加行業生產能力和人員方面存在一個很突出的問題

當行業適應於較緩慢的增長時，行業內生產能力增加的速度也必須慢下來，否則將會發生生產能力過剩。因此，諸公司對於增加生產能力和人員的導向必須從根本上加以改變。一家廠商面臨著需要密切地監視競爭對手的生產能力的增長，還需要精確地選擇其生產能力增長的時機。迅速增長將不再通過迅速地排除過剩的生產能力來迅速地彌補過失。這些在前景方面的變化很少在成熟的行業內發生，並且相對於需求的行業生產能力的過量是很普遍的。過量導致一段生產能力過剩的時期，使過渡時期中價格衝突的傾向更為突出。行業內有效增量規模越大，這個非常突出的問題就越是困難。如果要增加的人員需要具有高度技能並且需要花很長時間去尋找和培訓，則這個非常突出的問題就尤為困難。

5.生產、行銷、分配、銷售及研究方法等常常在經受變化

這些變化是由於市場佔有率的加劇的競爭、技術的日趨成熟，以及買主的日益老練所致。廠商面臨著，要麼需從根本上對其實用政策重新定向，要麼需採取某些將使重新定向顯得沒有必要的行動。如果廠商必須對實用政策的這類變化作出反應，那麼資金來源和新的技能就總是需要的。新的生產方法可能會使上面討論過的那些生產能力過剩的問題更加突出。

6.新產品和新應用更難以得到

鑑於增長階段可能一直是一種迅速發現新產品和新應用的階段，因此一般說來，繼續進行產品變化的能力會日益受到限制，或者隨著行業的日趨成熟，成本和風險卻日益增大。除了別的變化以外，這種變化需要對研究和新產品開發所抱的態度重新定向。

7.國際性競爭加劇

由於技術的成熟往往伴隨著產品標準化和日益注重成本的緣故，過渡時期常常以重大的國際性競爭的出現為標誌。國際性競爭者常常具有與國內廠商不同的成本結構和不同的目標，並且具有一個賴以經營的國內市場基礎。在像美國那樣的大型市場內，國內廠商的重大出口或國外投資通常在時間上早於行業趨於成熟的過渡時期。

8.在過渡時期中，行業利潤常常下降，有時是暫時性的，有時是永久性的

緩慢的增長、更老練的買主、越來越突出的市場佔有率，以及所需要的戰略變化的不確定因素和種種困難意味著短期內

行業的利潤將從過渡時期前的增長階段的水準上下降。有些廠商要比其他廠商受到更大的影響，具有較小市場佔有率的廠商通常受到的影響最大。在極其需要現金流轉的時期內，下降的利潤會縮減現金流轉。對公開的控股公司來說，下降的利潤還會趨向於使股票行市下跌，並且會增加籌資還債的困難。利潤是否將會回升，取決於流動性障礙的水準和行業結構的其他構成要素。

9. 經銷商的利潤下降，但其討價還價能力卻在增長

出於上述種種原因，行業利潤常常降低，商人的利潤會受到壓縮，以致許多經銷商人會退出營業——常發生在對生產商的利潤產生令人注目的影響之前。最近，在電視機和週末旅遊汽車的經銷商人之中可以看到這一因素。這種趨勢加緊了行業參加者之間對經銷商的競爭，這些經銷商可能在增長階段中易於找到並加以控制，而在成熟階段中則未必如此。因此，經銷商的討價還價能力會顯著地增長。

(二) 成熟行業的戰略企劃

1. 與產品差異相對、與目標集中點相對的全面成本領導

行業的迅速增長趨向於掩飾戰略上的錯誤，並且也會使行業內的絕大多數公司，而不是全部，倖存下來，甚至在財政上興旺起來。戰略試驗的可行性是高的，而各種各樣的戰略有可能共存。然而，行業的成熟一般會暴露戰略上的草率行事。行業成熟會迫使諸公司(常常是第一次)面臨在三個一般性戰略之間進行選擇的必要性。這是一件有關生死存亡的大事。

2.週密的成本分析

在行業成熟過程中，成本分析對於使產品組合合理化以及正確地定價日益顯得重要。

⑴使產品組合合理化

雖然在增長期中存在種類廣泛的產品品種、頻繁推出新品種和進行產品的挑選是有可能的，並且對行業發展常常是必需的和可取的，但是這種情況在成熟的行業環境中可能不再存在。成本競爭和市場佔有的爭奪是極其激烈的。因此，改進精確預算的產品成本中的佔有率，對於從產品種類中削減那些無利可圖的項目以及對於把注意力集中在具有某些獨特的優勢（如技術、成本、形象等）或那些其買主是「良好的」買主的產品項目上是有必要的。各類產品的成本預算的平均計算法，或者為了成本預算的目的而平均攤派一般管理費用的計算法顯得不足以評價產品種類及可能增加的產品種類。使產品種類合理化的需要有時會產生設置電腦化的成本預算系統的需要，這種成本預算系統在行業開發時期內並未取得高度的優先權。例如，這種削減產品種類的做法曾是美國無線電公司對赫茨公司取得成功的關鍵。

⑵正確地定價

在行業成熟過程中往往必須作出的在定價方法上的變化是與產品種類的合理化有關的。雖然平均成本定價或從總體上對產品種類而不是對個別產品項目定價在增長時期可能就已經足夠了，但是行業的成熟常常需要按已增長的生產能力來衡量個別產品項目的成本並相應地作出定價。平均成本定價法產生

的、在產品種類內部隱含的相互補貼卻隱藏著市場無法支援其
真實成本的產品，並且在買主對價格並不敏感的情況下放棄其
利潤。相互補貼還會引起競爭對手通過價格削減或新產品的推
出來反對人為地提高價格的產品項目。由於缺乏合理定價的成
本預算經驗的競爭者阻礙著對不現實的低價產品進行價格調
整，這些現象有時在成熟內構成一個難題。

在行業成熟的過程中有時可以並且應該改變其他方面的定
價戰略。例如，馬克儀錶公司重新議訂包括有價格變動條款在
內的合約而在韌性閥門行業內已取得了極大的成功。該行業內
的各種合約在傳統上曾是以固定價格為形式的，並且在發展階
段中通貨膨脹的調整並非是提高價格的關鍵；從來沒有其他廠
商認為有必要重新議訂價格變動條款。然而，馬克儀錶公司的
做法已證明在成熟階段有極大的益處，而在定價上升時再使手
腕就已顯得日益困難了。

概括該要點及其他各要點，我們就可以這麼說，在各方面
提高「財務意識」的水準在行業成熟時期往往是必不可少的，
而在行業的開發時期中，像新產品和研究之類的領域卻可能佔
據中心位置。在依賴於培訓和管理部門導向的行業內要提高財
務意識可能多少有些困難。例如。在馬克儀錶公司的實例中，
在由已立足的家族廠商佔支配地位的某個行業內，提高財務意
識的做法是利用某個財務上導向的局外企業來發動財務方面的
創新的。

3.技術創新和生產設計

正如產品設計以及便於降低生產及管理成本的交付系統的

設計所獲得的報酬一樣，技術創新的相對重要性在成熟過渡時期往往有所增加。日本的行業極其重視這一因素，把其在諸如電視接收機之類的許多行業內的成功歸因於該因素。生產設計也曾是坎蒂恩公司在成熟中的工業食品服務行業中改善其地位的關鍵因素。坎蒂恩公司已從讓地方廚師自由準備膳食轉變到全國範圍共同配製的盤裝食品。這種變化提高了膳食品質上的一致性，使得在各個銷售地點之間更換廚師更為容易，促使經營更易管理，並導致在其他方面成本的節省和生產率的提高。

4.擴大採購範圍

擴大現有客戶的採購範圍也許要比尋求新的客戶更合乎需要。對現有客戶的增量銷售有時可以通過供應週邊設備及服務、提高產品檔次、擴大產品種類等方法來得到增加。這樣一種戰略可把廠商從某一行業帶進其他有關行業。該戰略常常比尋找一些新客戶要少花些錢。在一個成熟的行業內，爭取新客戶往往意味著與競爭對手爭奪市場佔有率，從而耗資頗巨。

南方貿易公司正在向其商店增加速食食品、無人充氣裝置、彈球遊戲機及其他品種，以便從其顧客身上撈取更多的錢，並增加採購刺激及避免設立新地點的費用。同樣，家庭信貸公司也在增加新的服務，諸如代算稅款、增加貸款金額、甚至開展銀行業務，以擴大其產品種類，以便向其廣大的客戶基礎出售。格伯物產公司的「為每個嬰兒多花點錢」的戰略是上述同樣方法的另一種變體。格伯物產公司已在其所壟斷的嬰兒食品的領域內又增添了嬰兒服裝和其他嬰兒用品。

5.購買廉價資產

有時，由於行業成熟的過渡導致公司虧本的結果，資產就會非常廉價地被兼併。如果技術變革的速度並不很快的話，那麼兼併虧本公司或購買清算資產的戰略就能提高利潤並產生一種低成本地位。在釀酒行業內鮮為人知的海爾曼公司曾成功地使用過這種戰略。儘管釀酒行業不斷集中於為首幾家大廠商上，但海爾曼公司通過兼併地區性的釀酒商並且廉價購進舊設備,從 1972 年至 1976 年每年增長率達 18%(1976 年的銷售額達到三億美元)，資本利潤率超過 20%。行業領導者們曾因反托拉斯法的限制而不得進行兼併，於是被迫按時價建造大型新工廠。懷特綜合工業公司也使用過該戰略的一種變體。它專門按低於帳面價值的價格購進這樣一些虧本的公司，諸如森德斯特蘭德公司的機床業務和威斯汀豪斯電氣公司的家用電器業務，從而降低了一般管理費用。在許多情況下，這種戰略導致一種有利可圖的繼續營業。

6.買主選擇

在行業成熟過程中，隨著買主們越來越有見識，加以競爭壓力日益增強，買主選擇有時能成為對持續獲利能力的一個關鍵。那些過去還沒有運用討價還價能力的買主們，或者由於有限的產品可得性而使討價還價能力降低的買主們在行業成熟過程中對運用其討價還價能力通常不會是忸忸怩怩的。識別「良好的」買主並緊緊地抓住他們不放乃是至關緊要的。

7.不同的成本曲線

在一個行業內常常有可能存在著不止一條成本曲線。那個

在一個成熟的市場內並不是全面成本領導者的廠商有時能找到一些新的成本曲線，這些成本曲線實際上可能使其成爲某種類型的買主、產品品種或訂貨規模的較低成本的生產商。

那個明確表示爲靈活性、迅速裝配和小批量生產（例如，通用的、電腦控制的機器）而設計其技術的廠商完全有可能要比爲定制訂貨或小批量服務而產量大的生產商享受更大的成本憂勢。成本曲線差別使這樣一種戰略有可能建立在少量訂貨、定制訂貨、特殊的產量小的產品品種和其他品種的基礎上。

8.國際上的競爭

在行業具有更有利結構的場合下，通過國際上的競爭，一家廠商可以逃避成熟階段。例如，皇冠瓶蓋封蠟公司在金屬容器和瓶蓋行業內，以及梅西—福格森公司在農具行業內曾實施過這種簡單的方法。有時，某種在國內市場上過時了的設備卻能夠在國際市場上相當有效地加以使用，這樣就大大降低其進入成本。或者行業結構在國際上因老練而有實力的買主較少、競爭對手也較少等情況可能會有利得多。該戰略的弊端是所熟悉的國際競爭風險以及它只能延遲成熟階段而無法對付它的這樣一個事實。

9.究竟該不該嘗試過渡

鑑於可能需要大量而或許是新型的財力和技能，在一個正在成熟的行業內成功地進行競爭所需要的戰略變化並不一定非嘗試不可。這種選擇不僅取決於財力，而且還取決於具有在行業內繼續進行競爭的潛力的其他廠商的數目，在對成熟過渡作出調整的同時所預期的在行業內騷動的持續時間，以及對行業

利潤的未來前景（利潤取決於未來的行業結構）。對某些公司來說，一項非投資性戰略也許要比進一步作出沒有確定盈利的再投資更好些──這是迪安食品公司已在液乳行業內所採取的做法。迪安食品公司的重點是放在成本削減和對降低成本的設備進行高度選擇性投資上面，而不是放在擴大市場地位上面。

如果行業領導者們把巨大的惰性結合進其戰略中去並且強烈地依賴於行業發展的增長階段的戰略要求，那麼他們就不一定會處於作出過渡時期所需要的調整的最佳地位。假定調整所需的財力是可得到的，那麼較小廠商的靈活性在過渡時期中就能證明是有利的。小型廠商也許還能夠更容易地細分市場。同樣，在過渡階段中進入行業、擁有資金和其他資源但不依賴於過去的一家新廠商往往能夠建立起強有力的地位。要是長期的行業結構是有利的，那麼過渡時期所造成的騷動就給潛在的進入者提供種種機會。

(三)成熟行業中的戰略隱患

除了沒有認識到上述的過渡時期的戰略含義之外，還存在著廠商遭受某些特有的戰略隱患的損害的趨勢。

1.公司的自我感覺及其對行業的感覺

諸公司會逐漸形成對其自身及其相應潛力的感覺或形象（如「我們是勝任的領導者」；「我們提供優良的客戶服務」），這些感覺和形象會在形成其戰略基礎的明確假設中反映出來。隨著過渡的進展，買主們優先的調整，以及競爭對手對新的行業狀況的反應，這些自我感覺也許會使諸廠商對行業、競爭者、

買主和供應商的假設無效。然而，要改變這些建立在過去的實際經驗基礎上的假設有時是一種困難的過程。

2.陷於中間地位

在行業成熟的過渡時期中，陷於中間地位的問題特別嚴重。過渡時期常常把這段使這種戰略在過去可行的蕭條期排擠出去。

3.現金隱患——投資在一個成熟的市場內以建立佔有率

應把現金只投入有指望在以後能夠撤出現金的某個營業單位。在一個成熟的、增長緩慢的行業內，一些足以證實投入新現金是為了建立市場佔有率所需要的假設常常是帶有冒險性的。由於現金流入量的現值是以現金流出量為保證的，因此行業成熟中增加利潤或維持足以補償現付現金投資利潤的做法行不通。因此，處於成熟階段中的諸營業單位可能是現金方面的隱患，尤其是當一家廠商並未處於強有力的市場地位卻試圖在成熟的市場內建立大的市場佔有率時。形勢對其不利。

一個有關的隱患是把注意力的重點放在正在成熟的市場內的收益上，而不是放在獲利能力上。這種戰略在發展階段中可能是合乎需要的，但在成熟階段中它往往會面臨收益遞減。

在 60 年代後期，赫茨公司完全有可能遇到過這個問題，在 70 年代中期，這就為美國無線電公司取得利潤轉變提供好多機會。

4.為了短期利潤而太輕易地放棄市場佔有率

在過渡時期中的利潤壓力下，對有些公司來說，似乎存在著一種試圖維持不久前的獲利能力的趨勢——這是在損害市場

佔有率的情況下，或者通過前述的市場行銷、研究與發展，以及其他必要的投資所採取的做法，這種做法又反過來損害未來的市場地位。在成熟的行業內，如果規模經濟將具有重大意義的話，那麼在過渡時期中不樂意去接受那些較低的利潤就可能是嚴重的目光短淺。當行業合理化發生時，必然會出現一段較低利潤的時期，要避免作出過分的反應必須要有一個冷靜的頭腦。

5.對價格競爭的不滿情緒及不合理反應

對諸廠商來說，在經過了一段沒有必要的價格競爭時期之後，往往很難接受價格競爭的必要性，而在迴避它時卻會成為一條神聖的法則。有些管理部門甚至把價格競爭看作是不體面的或有損其尊嚴。當一家樂於大膽地定價的廠商能夠奪取對建立長期的低成本地位將是至關緊要的市場佔有率時，這種看法可能是對過渡時期作出的一種危險的反應。

6.對行業慣例的變化表示不滿及不合理的反應

行業慣例的變化，諸如行銷技術、生產方法，以及經銷合約性質之類的變化，往往是過渡時期的一種不可避免的組成部份。它們對於行業的長期潛力來說可能是重要的，但往往會對它們有阻力。正如在某些體育運動用品行業內的情況那樣，有些阻力反對用機械方法代替手工方法，並且諸廠商不願意大膽地發動其產品的行銷（「市場行銷在該行業內不起作用；它需要個人銷售」），等等。在適應新的競爭環境方面，這種阻力會把一家廠商嚴重地拋在後面。

7.過分強調「創造性的」、「新的」產品而不去改進並積極地銷售現有產品

　　儘管過去在行業初期和增長階段中取得成功可能是建立在研究和新產品的基礎之上的，但成熟階段的開始往往意味著新產品和新應用是較難獲得的。改變創造性活動的目標集中點、重視標準化而不重視新生程度和細小的調整往往是適當的。然而，這種發展並不使某些公司感到滿意而卻常常遭到其抵制。

8.把堅持「更高品質」作為不去對付競爭對手的肆意定價和行銷行為的一種藉口

　　高品質能夠成為一種至關緊要的公司實力，但是隨著行業的日趨成熟，品質差異具有一種惡化趨勢。即使品質差異依然存在，那些更有見識的買主們也可能願意在其以前曾購買過產品的某個成熟的行業內以品質換取較低價格。然而，對於許多公司來說，很難接受這樣的事實，即它們並不擁有最高品質的產品或者其品質沒有必要那麼高。

9.可能出現的生產能力過剩

　　由於生產能力超過需求的緣故，或是因為在成熟的行業內進行競爭所需的工廠現代化不可避免地導致生產能力的增長，某些廠商具有一些過剩的生產能力。只要生產能力過剩存在，就會對生產能力的使用造成一些微妙而又敏感的壓力，並且可能以種種會削弱廠商戰略基礎的方式來使用生產能力。生產能力過剩會迫使一家廠商處於中間地位，而不是維持一種目標更集中的方法。或者它會導致管理上的壓力使廠商遭受現金隱患的損害。廉價出清存貨或廢棄過剩的生產能力而不是保留它往

往是合乎需要的。然而，很明顯，不應把這種生產能力出售給任何一家將要在同一行業內使用它的廠商。

二、新興行業的競爭戰略

新興行業系指通過一些因素產生的那些新形成的或重新形成的行業，這類因素包括技術創新、相對成本關係的變動、新的消費需求的出現，或其他經濟及社會方面的變化致使某種新產品或某項新服務得以提高到一個潛在可行的營業機會的水準。

從制定戰略的觀點來看，某一新興行業的基本特徵是不存在什麼競爭規則。某一新興行業內的競爭問題是必須確立所有的規則，以便廠商能有所遵循並在這些規則下獲得成功。缺乏這些規則既是一種風險也是一種機會的來源；總之必須加以妥善處理。

儘管各新興行業可能在其結構方面大不相同，卻仍有某些共同的結構因素，這些因素看來是許多行業處於這一發展階段中的特徵。其中絕大多數因素，要麼與缺乏已確立的競爭基礎或其他競爭規則有關，要麼與行業的初期小規模和新生程度有關。

(一)新興行業的結構特徵
1.技術上的不確定性
在一個新興行業內，存在著大量的技術上的不確定性：什

麼樣的產品構造將最終證明是最佳的？那一種生產技術將證明是最有效的？例如，在煙霧報警器行業內，究竟是照相電子探測器還是電離子探測器會贏得作爲有利的選擇對象這個問題上，繼續存在著不確定性；這兩種裝置目前是由不同的公司所生產的。

2.戰略上的不確定性

與技術不確定性有關的，但在原因上是更爲廣泛的不確定性是由行業參與者正在試用的各種各樣的戰略方法造成的。沒有什麼「正確的」戰略曾被明確地加以識別過，各廠家正在摸索各種不同方法來實行產品或市場定位、市場銷售、服務，以及其他戰略方式，並且正在對不同的產品構造或生產技術下賭注。例如，太陽能供暖廠商正在就有關相對於各系統的零件供應、市場分割化，以及分配管道等方面採取各種各樣的競爭姿態。與這個問題密切相關的是，廠商往往在有關競爭對手、客戶特點，以及處在新興階段的行業條件等方面缺乏足夠的信息。例如，無人知道全部競爭對手是那些人，而且也無法獲得有關行業銷售額及市場佔有率等方面的可靠資料。

3.初始成本雖高但成本急劇下降

相對於一般行業可達到的成本，較低產量及新生程度通常會在新興行業內產生高成本。即使有關技術的學習曲線不久將趨於平穩，也通常會有一條急劇升降的學習曲線在起作用。在改進技術、工廠佈局，以及其他方面會迅速形成種種設想，以及隨著對工作熟悉程度的增加，僱員們會在生產率上獲得重大收益。不斷增長的銷售會大大增加生產規模及由廠商生產的計

總產量。一般來說，如果處於行業新興階段的技術要比最終形成的技術具有更勞力密集型的話，則這些因素就顯得很突出了。

（二）新興行業的戰略企劃

新興行業的戰略企劃必須與行業發展這個時期內的不確定性及風險相適應。競爭較量的規則大部份還沒有明確，行業結構動盪不定而且還可能發生變化，競爭者也很難加以判別。然而，所有這些因素具有另一方面的性質——一個行業發展的新興階段可能是戰略自由度最大的時期，並且在確定行業業績方面也是通過良好的戰略選擇所產生的杠杆作用達到最高的時期。

1.正在成形的行業結構

在新興行業中壓倒一切的戰略問題是廠商使行業結構成形的能力。廠商通過其戰略選擇能夠盡力在像產品政策、銷售方法，以及訂價戰略等領域內確定競爭規則。從長期來看，在行業根本的經濟實利及財力的約束下，廠商應該以形成其最強有力的地位的方式來尋求劃定行業內的競爭規則。

2.行業發展的外在性

在某個新興行業內，一個主要的戰略問題是廠商在行業宣傳和追求其本身的狹隘私利兩者之間達到平衡。由於在新興階段中的行業形象、信譽，以及買主的混亂狀態等潛在問題，廠商自身的成功部份依賴於行業內的其他廠商。行業壓倒一切的問題是引入替代品並且吸引首期買主，在這個階段內幫助促進標準化、整頓不合規格的產品品質及無信用的生產商往往是符

合廠商利益的，還可以形成針對供應商、客戶、政府，以及金融界的統一戰線。

1. 進入時機的選擇

合適的進入時機的選擇對在新興行業內進行的競爭是一種至關緊要的戰略選擇。早期進入(或作為先驅者)包含有高度風險，但在另一方面可能包含有較低的進入障礙並能提供一筆大收益。當下列一般情況存在時，早期進入是合適的：

(1)廠商的形象及聲譽對買主來說是重要的，該廠商能夠通過作為一名先驅者而把一種已提高了的聲譽加以發展。

(2)早期進入能夠在一個營業單位內發動學習過程，在該營業單位內學習曲線是重要的，經驗是難以模仿的，連續幾代的技術也決不會使這種學習過程無效。

(3)客戶忠實度很大，因此首先對客戶出售的廠商可以自然地得到好處。

(4)通過對原材料供應、銷售分配管道等早期承諾能夠獲得絕對的成本優勢。

在下述情況下，早期進入特別有風險：

(1)早期競爭及市場細分化是在不同的、但對行業發展後期是重要的基礎上進行的。因此，廠商會建立起錯誤的技能，還可能面臨高的更改成本。

(2)開闢市場的費用很大，包括諸如客戶培訓、規章制度的批准，以及技術開拓之類的費用，但是開闢市場的好處卻不能為廠商所獨佔。

(3)與那些小型的、新開辦的廠商進行早期競爭將是耗資巨

大的，但在後期代替這些廠商的將是更加難以對付的競爭。

(4)技術變革將使早期投資過時並且使那些後期進入的、具備最新產品及技術的廠商擁有某種優勢。

戰術行動。限制某一新興行業的發展的問題卻給可能改善廠商的戰略地位提供某些戰術行動：

(1)對原材料供應的早期承諾在短缺時期將產生有利的優先權。

(2)利用華爾街與行業的親熱關係得以選擇籌措資金的適當時機，甚至在實際需要之前就進行籌措資金活動。這種步驟可降低廠商的資本成本。

2. 對付競爭對手

在某一新興行業內對付競爭對手可能是一個難題，特別對那些已作為先驅者的廠商和已享受到主要市場佔有率的廠商來說尤其如此。新形成的進入者以及脫離母公司的廠商的激增會引起不滿，從而廠商必然會面臨先前提到過的外部因素，這些因素使其為了行業的發展而部份地依賴於競爭對手。

新興行業中的一個共同問題是先驅者花費過多的財力來保衛其高的市場佔有率，並且會對那些從長期來看幾乎沒有什麼機會能形成市場勢力的競爭對手作出反應。這可能部份是出於感情的反應。雖然有時在新興階段內對競爭對手作出嚴厲的反應是合適的，但是更有可能的情況是廠商的努力最好還是放在建立其自身實力以及發展行業方面。或許通過發放許可證或其他手段來鼓勵某些競爭者的進入可能是合適的。給定新興階段的一些特徵，廠商往往可通過使其他廠商拼命地出售行業產品

並援助技術發展而受益。廠商還可以同以產量著稱的競爭對手打交道，隨著行業成熟還可以放棄保持自身大的市場佔有率的做法，而通過主要的已立足的廠商去邀請競爭對手進入行業。合適的戰略是難以概括的，但是只有在極其難得的情況下，隨著行業迅速地增長要防衛一種接近於壟斷狀態的市場佔有率將是可行的，也是有利可圖的。

三、衰退行業的競爭戰略

出於戰略分析目的，這裏把衰退中的行業看作是那些在單位銷售量方面已經歷了一段持久時期的絕對衰退的行業。因此，衰退不得歸因於某種商業循環或其他諸如罷工或材料短缺之類的短期中斷，而是代表著在衰退中必然會形成目標對策的一種真實情況。

雖然衰退行業易被誤認爲是產品壽命週期的一個階段，但並沒有對其進行過充分的研究。在壽命週期模式中，一個營業單位的衰退階段的特點表現在利潤縮減、產品種類削減、研究與發展及廣告活動減少，以及競爭對手逐漸減少。針對衰退所開的可取的戰略處方乃是一種「收穫」戰略，即消除投資，並從營業單位中產生最大的現金流量，從而導致最終放棄營業。在計劃工作方面普遍使用的產品資產組合模式對衰退中行業提出同樣的忠告：不要在那些增長緩慢的、或負增長的及不利的市場內投資，而是把現金撤出這些市場。

然而，對範圍廣泛的各種衰退中行業的深入研究表明衰退

期間的競爭性質及廠商可用來對付衰退的戰略方法是極其複雜的。諸行業在競爭對衰退作出反應的方式上顯著不同；有些行業顯得成熟老練而又通情達理，而有些行業則是以加劇衝突、拖延過剩的生產能力，以及遭受重大經營損失爲特徵的。成功的戰略也是多種多樣的，有些廠商所採取的戰略實際上包含著對衰退中行業進行大量的再投資，致使其營業單位後來都獲利甚巨。有些廠商則在衰退尚未被普遍認識到之前就退出行業而避免了後來由其競爭對手所承擔的損失，從而談不上有什麼收穫。

（一）衰退行業的競爭環境

1.需求的狀況

需求遞減的過程以及留存市場面的特徵對衰退階段中的競爭具有重大的影響。

⑴衰退原因

行業需求的下降有許多不同的原因，這些原因對衰退階段的競爭具有下列含義：

①技術上的替代性

衰退的一種起因是通過技術創新（電子計算器替代計算尺，所產生的替代產品，或者由於相應的成本及品質（人造革替代皮革）的變化而使替代產品顯得突出。

由於不斷增長的替代性往往會降低利潤同時又會削減銷售額，所以這種起因會對行業的利潤造成威脅。如果在那些對替代產品沒有影響的或抵制替代產品的行業記憶體在需求利益而

且在先前敍述過的意義上具有有利的特點，那麼這種對利潤的消極作用就會減輕。根據行業的具體情況，替代性可能或不可能伴隨著對未來需求的不確定性。

②人口統計數

衰退的另一種起因是購買其產品的客戶集團的規模縮小。在產業性行業內，人口統計數是通過降那些下游行業的需求而引起衰退的。作爲衰退的一種起因的人口統計數並不伴隨著某種替代產品的競爭壓力。因此，如果生產力能夠依次退出受到人口統計數影響的行業，則那些倖存的廠商就會具有可與衰退前相比的獲利前景。然而，人口統計數的變化往往受到極大的不確定性的支配，正如已討論過的那樣，這種不確定性使衰退過程中的競爭處於不穩定狀態。

③需要的變化

由於社會問題或其他原因而使買主的需要或愛好有所改變，需求就可能會下降。例如，雪茄煙消費量之所以下降大部份原因是由於社會對雪茄的接受程度暴跌。像人口統計數的情況一樣，需要的變化未必導致替代產品對剩餘銷售額的壓力的加劇。然而，像雪茄煙行業內發生的情況一樣，需要的變化也會受到極大的不確定性的支配，這些不確定性已導致許多廠商繼續預測需求的重新恢復活力。這種情況對處於衰退過程中的獲利能力構成相當大的威脅。

因此，衰退原因爲廠商對未來需求所覺察到的不確定性的大概程度提供一些線索，也提供一些表明爲剩餘市場面服務是有利可圖的跡象。

⑵衰退的速度及方式

衰退進行的速度越慢，廠商在分析其地位的過程中越容易受到短期因素的蒙蔽，並且未來衰退所存在的不確定性通常也越多。不確定性大大增加這一階段的多變性。另一方面，如果需求急劇下降，則廠商在證實其樂觀的未來規劃中就會面臨困境。此外，銷售額的大幅度下降會使放棄整個工廠或撤銷整個部門更有可能，這種狀況會使行業生產能力迅速向下調整。衰退的平穩性對不確定性也起作用。如果行業銷售額本來是不穩定的，就像在人造纖維及醋酸纖維素行業內的情況那樣，那麼要從各個時期之間的波動所引起的混亂狀態中把銷售額下降趨勢區分出來就會是困難的。

衰退的速度部份是諸廠商確實決定要從營業單位中撤出生產能力所採取的形式的一種功能。在產業性單位內，由於其產品是對客戶的一種重要投入品，如果少數主要的生產商決定撤出，則需求就會急劇地下降。客戶們對是否能繼續得到某種關鍵的投入品表示憂慮，從而傾向於比往常更迅速地轉向替代產品。因此，那些早期就宣佈退出的廠商會強烈地影響衰退速度。由於縮減的產量提高了成本或是價格，衰退的速度還具有隨衰退進行而加快的趨勢。

⑶剩餘的需求利益的結構

隨著需求下降，需求利益的性質在確定留存的競爭者的獲利能力方面具有重大作用。根據全面的結構分析，這些利益或多或少爲獲利能力提供有利的前景。例如，在雪茄煙行業內，需求的主要剩餘利益之一在於溢價市場面。這種市場面根本不

受替代產品的影響，擁有對價格不敏感的買主，並且經受高水準產品差異的產生。能夠在這種市場面內維持某種地位的廠商甚至隨著行業的衰退也完全有可能獲得高於平均水準的報酬，因為他們能夠防禦其地位不受競爭勢力侵襲。在皮革行業內，裝潢皮革曾是一種技術及產品差異具有相同作用的倖存的需求利益。另一方面，在乙炔行業內，那些乙炔尚未被乙烯所取代的市場面仍受到其他替代產品的威脅，而在那些市場面內由於乙炔的固定成本高而使它成為一種易於引起價格衝突的商品。因此，剩餘利益的潛在利潤相當暗淡。

　　一般來說，如果需求的剩餘利益牽涉到那些對價格不敏感的買主或那些毫無討價還價能力的買主，那麼某種目標對策就會是有利可圖的，因為他們具有高度的轉手成本或其他特性。當剩餘需求是更新需求以及當來自原有設備製造商的需求消失時，剩餘需求一般對價格就不敏感。目標對策的獲利能力還將取決於需求的剩餘利益是否易遭到替代產品和強大的供應商的攻擊，也取決於某些流動性障礙的存在，這些流動性障礙保護那些替剩餘市場面服務的廠商免遭來自那些圖謀彌補在消失中的市場面內所損失掉的銷售額的廠商的攻擊。

2.退出障礙

　　生產能力退出市場所採取的方式對衰退中行業內的競爭是至關緊要的。然而，正如存在著進入障礙一樣，在衰退中行業內也存在著使諸廠商不斷進行競爭的退出障礙，即使諸廠商正在獲取的投資收益低於正常水準。因此，退出障礙越高，行業環境對於在衰退期間留存的一些廠商來說就越不適宜。

退出障礙是由下述一些根本原因造成的：

⑴耐用資產和專門化資產

如果一個營業單位的資產，固定資金也好流動資金也好或者兩者兼而有之，對正在使用它們的某些特定的營業單位、公司，或地點來說是高度專業化的話，那麼這種情況就會由於降低廠商在營業單位投資中的清算價值而造成退出障礙。那些專門化資產，要麼必須出售給某家打算將它們用於相同營業單位的廠商，要麼這些資產的價值大爲降低而勢必會被廢棄。希望將這些資產用於相同營業單位的買主通常是寥寥無幾的，因爲在一個衰退中市場內迫使廠商出售其資產的相同理由將有可能使潛在的買主們失去信心。例如，某家製造乙炔的綜合企業或某家人造纖維廠擁有如此專門化的設備，以致於必須將其出售給作同樣用途的廠商或者不得不予以廢棄。此外，拆除及搬運一家乙炔工廠的設備是如此困難，致使這樣做的費用可能等於或超過廢棄的價值。一旦這種乙炔及人造纖維行業開始衰退，樂意接受待售設備而欲繼續經營該種工廠的潛在買主就幾乎是不存在的；那些被出售的工廠均按帳面價值打很大折扣後加以出售的，而往往是出售給一些投機商或孤注一擲的僱員集團。在一個衰退中行業內的存貨也可能毫無價值，尤其在平常週轉很慢的情況下。

如果一個營業單位的資產的清算價值是低的，那麼廠商留在該營業單位內在經濟上來講就是最理想的，即使預期的未來折現的現金流量是低的。如果資產是耐用的，則其帳面價值就會大大超過清算價值。由於折現的現金流量超過了如果放棄營

業而本來會失去的投入資金的機會成本，因此，對一家廠商來講，只要其留存在營業單位在經濟上是適宜的，就有可能賺回帳面損失。在任何帳面價值超過清算價值的情況下，營業單位的廢棄還會導致帳面價值的削減。

　　在評估由某個特定營業單位的資產專門化所造的退出障礙時，對一家正在營業的單位來說，是否存在著對其資產的或部份資產的一些市場乃是問題所在。有時，在經濟發展的各個階段可將資產向國外市場出售，即使這些資產在本國已沒有什麼價值。這種行動得以提高清算價值，並降低退出障礙。然而，不管國外市場是否存在，隨著行業正在衰退的情況日益明朗化，專門化資產的價值通常將會降低。

　　例如，在六十年代初期，當時對彩色電視機顯像管的需求十分強烈，雷西昂公司就出售了其製造顯像管的資產，這樣該公司比起試圖在七十年代初期當行業明顯處於蕭條時期時拋售其顯像管生產設備的廠商來回收了高得多的清算價值。到了行業發展的較晚時期，只有極少數美國生產商對購買顯像管有興趣，而那些對不太先進的企業供應顯像管的國外廠商要麼已經購置了顯像管生產設備，要麼在美國顯像管生產行業明顯衰退時他們已處於更強大的討價還價的地位。

(2)退出的固定成本

　　退出的巨大的固定成本由於降低某個營業單位的實際的清算價值而提高退出障礙。一家廠商通常必須會面臨巨額的勞動力安置費用；事實上，在某些國家內，如義大利，由於政府不批准解僱工作人員的做法，因此退出的固定成本是相當巨大

的。當一家公司正在放棄營業時，在相當長的一段期間內它通常還須爲一些全日僱用的、有技術的經理、律師，以及會計師的工作支付高額的工資。爲了在退出之後仍保持向以前的客戶提供備用零件，有時還須制訂出種種預備措施；這種要求會招致一定的損失，而通過折現這種損失可成爲退出的某種固定成本。

管理部門的負責人員或僱員們可能需要重新進行安排或重新加以培訓。如果合約能被根本廢除的話，那麼違反長期的投入產品的採購合約或產品銷售合約就可能會導致巨額的撤銷合約的罰金。在許多情況下，違約廠商必須向其他能履行這類合約的廠商支付所需的費用。

常常還存在著一些隱蔽的退出成本。一旦放棄營業的決定爲人所共知，僱員生產率就有可能下降，而財務成果也就趨於惡化。客戶們迅速撤出其營業單位，供應商也在滿足承諾方面失去興趣。這類問題，還有後面將要討論的在執行一項收穫戰略中所遇到的那些問題，可能會加速在所有權衰退期間所造成的虧損，也可能證明是巨大的退出成本。

另一方面，有時退出能使廠商避免在其他場合所不得不作出的固定投資。例如，爲了遵守環境條例而需要作出的投資可以加以避免，正如爲了要留在行業內而對重新投資的其他要求也可以避免一樣。對作出這類投資的要求會助長退出，因爲這類投資只提高營業單位的投資額而並不提高利潤，除非使這類投資得以產生與廠商折現的清算價值相等的或增大了的價值。

⑶戰略退出障礙

僅僅從與某種特定行業單位有關的經濟上應考慮的因素來看，即使一家多樣化經營的廠商並不面臨什麼退出障礙，但從總的戰略觀點出發，由於該營業對公司來說很重要，所以它仍有可能遇到一些障礙：

①相互關聯性

某個營業單位可能涉及某個營業單位集團的一種總體戰略的組成部份，無視這種關係就會削弱戰略的影響。這種營業單位對公司的身份或形象來說可能是很重要的。退出可能要損害公司同主要銷售分配管道的關係或可能要削弱在購買方面的總的影響。退出可能使分攤到的設施或其他資產閒置起來，這取決於廠商對其是否有可供選擇的用途或是否能在公開市場上租賃到。終止對某一客戶唯一的供應關係的廠商不僅會妨礙向該客戶銷售其他產品，而且也會損害其在其他營業單位中賴以提供主要原材料或零件的機會。公司把資財從衰退中行業中擺脫出來而轉移到新市場去的能力對於相互關聯性障礙的高度是極其重要的。

②進入金融市場

退出可能會降低資本市場對廠商的信心或惡化廠商對兼併候選者(或買主)的吸引力。如果放棄營業的單位相對於總體是大的話，則這種放棄營業的做法就可能會大大降低廠商的財務信譽。即使從該營業單位本身的立場出發，認為削減帳面價值在經濟上是正當的，這種做法也可能會對收入的增長產生消極影響，要不然在其他方面會起著提高資本成本的作用。從這個

觀點來看，在營業經營幾年階段中的一些小損失可能要比一次大損失更可取些，削減帳面價值規模的大小顯然將取決於該營業單位資產折舊的程度與其清算價值的關係如何，還取決於廠商日益增長的反對作出一次性決策而放棄營業的能力。

③垂直一體化

如果營業單位是與公司內另一個營業單位垂直地相關的話，則對退出障礙的影響就取決於衰退的原因是否影響著整個垂直鏈或只是影響著某一環節。在乙炔行業的例子中，乙炔的廢棄不用使得處於一體化下游的使用乙炔為原料的那些化學合成企業趨於過時。如果廠商從事生產乙炔業務而且還從事處於一體化下游的其他一些生產業務的話，則關閉乙炔工廠就意味著關閉那些一體化下游設施或是迫使廠商去尋找一家外部供應商。雖然由於對乙炔的需求趨於下降而可以從一家外部供應商那裏商定一個有利的價格，但廠商最終還不得不從一體化下游的經營活動中退出來。在這種情況下，退出決策將必然會波及整個垂直鏈。

對比之下，如果某個一體化上游單位將某種被替代產品所淘汰了的投入品出售給某個一體化下游單位，則那個一體化下游單位將受到強烈的促使而去尋找向其出售替代投入品的一家外部供應商，以免其競爭地位每況愈下。於是，處於前向一體化的廠商可能會促進作出退出決策，這是因為營業單位的戰略價值已被消除而從總體上看退出已成為公司的一個戰略義務。

⑷信息障礙

一個營業單位與公司內的其他營業單位的關係越是密切，

尤其是在分攤資產或擁有的買賣方關係方面越是密切，則要掌握有關經營活動真實情況的確切信息更爲困難。那些經營無方的營業單位的劣績可能被互相關聯的某些單位所取得的成績所掩蓋，以致廠商最終連考慮作出那種從經濟上來說本來是正確的退出決策也做不到了。

⑸管理上或感情上的障礙

雖然上面所提到的那些退出障礙都是以合理的經濟計算爲依據的（或由於信息失靈而無法作出計算），但退出某種營業單位的困難看來要遠遠超出純粹的經濟範疇。通過一個接一個的實例分析可證明須考慮到的問題是管理部門對某個營業單位在感情上的依戀和承諾，還摻雜著對其能力和成就的驕傲自大以及對自身前途的擔憂。

在一個單一營業的公司內，退出往往使經理人員失去其工作，因此從個人觀點來看，退出可能被看作會帶來一些很不愉快的後果。在廠商的歷史及傳統越悠久以及高級管理部門向其他公司和事業活動的可能性越低的情況下，則在制止退出方面這些須考慮到的問題顯得更爲嚴重。

個人及感情上的障礙還會蔓延到多樣化經營公司的最高管理部門。不景氣部門的那些經理人員所處的地位與某種單一營業廠商的那些經理人員所處的地位頗爲相似。要使這些經理人員提出放棄營業的建議是困難的，因此決定何時退出的重擔通常落在最高管理部門身上。然而，在最高管理部門層次上來識別一些特定營業單位仍然是棘手的，如果這些特定營業單位是廠商長期存在的或早期的營業單位，是廠商歷史上核心的組成

部份，或是以行業內部在職者的身份直接參與而開辦的或兼併的，則尤其如此。例如，通用麵粉廠放棄其原有營業（商品麵粉）的決策確是一種令人極度痛苦的抉擇，而這確實是一種需花好多年時間才能作出的決策。

正如識別一樣，驕傲自大及對外表形象的關注也會蔓延到多樣化經營廠商的最高管理部門。當該部門在作爲放棄候選者的營業單位內起過一些個人作用時，這種情況尤爲適用。此外，與單一營業廠商相比，多樣化經營公司會大手大腳地採取由獲利的營業單位向經營無方的營業單位提供資金的做法，這種做法有時能使低劣的經營結果免於敗露。在多樣化經營公司內，這種能力或許會使一些感情上的因素悄悄地融入作出放棄的決策之中，即使諷刺地說，多樣化經營的好處之一乃是對投資的一次更爲超然獨立的、平心靜氣的評審。

退出方面的經驗能夠減少管理上的障礙。例如，在化工生產主要領域內的、經常發生技術故障及產品替代的那些廠商內；在各部門的產品壽命在歷史上一向是很短的那些廠商內；或在那些更容易覺察以新的營業來替代衰退中營業的可能性的高技術廠商內，這些管理上的障礙就顯得不那麼普遍。

⑹政府及社會的障礙

在某些情況下，由於政府對就業問題的關注及其對地方社團的影響，要關閉一個營業單位幾乎是不太可能的。放棄營業的代價可能是來自公司內其他營業單位作出的讓步或是其他起抑制作用的條件。即使在政府並未正式介入的場合下，反對退出的社團壓力及非正式的壓力也是很大的，這取決於公司自身

所處的地位。

　　許多管理部門在其僱員及地方社團身上所感受到的那種社會關注是十分相似的，這種社會關注雖然不可能轉化成錢財，但仍然是真實的。放棄營業往往意味著使人們失業，還意味著削弱地方經濟。這種關注往往是同對退出的感情上的障礙互相影響的。

　　例如，在魁北克，對於關閉加拿大的不景氣的、正在解體中的造紙行業內的一些紙漿廠曾引起了極大的社會關注，其中許多紙漿廠都設在那些只有一家公司的小城鎮內。一些廠商負責人被社團的關注折磨得心神不安，而來自政府的正式及非正式的壓力還施加了很大影響。

　　由於存在著所有這些類型的退出障礙，一家廠商可能繼續在某一行業內進行競爭，即使其財務業績低於正常水準。生產能力並不隨著行業緊縮而退出行業，競爭者之間為求生存而進行著你死我活的較量。在退出障礙高而又處在衰退中的行業內，即使那些最強大而又最興旺的廠商要想避免在衰退過程中遭受損失也是困難的。

⑺資產處理方式

　　處理廠商資產的方式會強烈地影響著一個衰退中行業的潛在獲利能力。例如，在正在解體中的加拿大造紙行業內，一家主要的廠商並不引退而是以打了很大折扣的帳面價值出售給一批企業家。由於有一種較低的投資基礎，新實體的一些經理人員可以在定價及戰略決策的其他方面作出決策，這些決策對他們來講是合情合理的，但卻嚴重削弱留存廠商的實力。將資產

按折扣出售給僱員們會有同樣的結果。因此，衰退中行業的資產如果在行業內部處理而那時行業尚未引退，那麼比起廠商原先的業主留在行業內這種做法來甚至會使隨後的競爭更趨惡化。

通過政府的補貼使不景氣的廠商在衰退中的行業內生存下去的情況幾乎同樣是糟糕的。不僅生產能力沒有退出市場，而且接受補貼的廠商甚至有可能進一步降低潛在的利潤，因為廠商是在不同的經濟基礎上作出其決策的。

3.競爭抗衡的多變性

由於銷售額下降，一個行業的衰退階段特別容易受到競爭者之間劇烈的價格衝突的影響。因此，確定競爭抗衡多變性的條件在影響衰退中行業的獲利能力方面變得尤為嚴重。衰退過程中留存廠商之間的相互的極為激烈的衝突有如下一些情況：

(1)把產品看作是一種商品；

(2)固定成本較高；

(3)許多廠商被退出障礙封閉在行業內；

(4)好些廠商認為維持其在行業中的地位具有高度的戰略意義；

(5)留存廠商之間的相對實力是比較平衡的，以致一家或幾家廠商不能輕易在競爭較量中獲勝；

(6)諸廠商對其相對的競爭實力是不明確的，而許多廠商試圖改變其地位而進行的努力卻招致不幸的後果。

那些供應商及銷售分配管道能夠加劇衰退過程中抗衡的多變性。隨著行業衰退，行業成為供應商的不太重要的客戶，這

種情況會影響價格及服務。同樣地，如果銷售分配管道操縱著好多家廠商，控制著貨架面積和貨架定位，或者能夠影響最終客戶的購貨決策，則銷售分配管道的能量將會隨著行業的衰退而有所增強。例如，在雪茄煙行業內，由於雪茄煙是一種刺激性產品，因此貨架定位對其成功與否是至關緊要的。在行業衰退期間，雪茄煙銷售分配管道所發揮的能量顯著地增強，而賣主們的利潤卻相應地有所下降。

　　從行業競爭抗衡的觀點來看，衰退期間最壞的情況是少數的廠商在行業內所處的戰略地位相當軟弱，但在公司的全部財力中這些廠商卻擁有極大的比率，他們還具有某種留在行業內的強烈的戰略義務。這些廠商的弱點迫使他們不惜採取像削減價格之類的孤注一擲的行動以試圖改善其地位，而這種做法竟威脅著整個行業。他們留在行業內的能量迫使其他廠商作出反應。

（二）衰退行業的戰略企劃

　　雖然對衰退過程的戰略所進行的討論通常圍繞著抽回投資或收穫這些問題，但是仍存在著一系列戰略方法——儘管這些方法未必在任何特定行業內都是可行的。在衰退過程中進行競爭的一系列戰略能夠用四種基本方法方便地加以表達（如表5-1所示），廠商能夠個別地或在某種情況下依次地實施這些方法。事實上，這些戰略之間的差別很難分清，但是對這些戰略的目的和含義分別進行討論是有益的。這些戰略不僅在尋求要達到的目標方面，而且在對投資的含義方面，都有極大的差異。

在收穫及放棄營業的戰略中，衰退戰略的典型目標是設法使營業單位抽回投資。然而，在領導地位或合適地位的戰略中，廠商可能真的想要進行投資，以便加強其在衰退中行業內所處的地位。

表 5-1　可供選擇的戰略

領導地位戰略	合適地位戰略	收穫戰略	迅速放棄戰略
在市場佔有率方面尋求領導地位。	在某個特定的市場面內造成或保護某種強有力的地位。	利用實力來安排一種可控制的抽回投資。	在衰退過程中儘早清理投資。

1.領導地位戰略

領導地位戰略的目標在於利用衰退中行業的結構，在這些結構中留存下來的某家或某些廠商擁有獲得高於平均水準的獲利能力的潛力，而針對競爭對手要確立領導地位也是可行的。廠商的目的是成為留存在行業內的唯一家廠商或幾家廠商之一。一旦獲得這種地位，廠商將根據隨後的行業銷售模式轉向保持地位或控制性收穫戰略。這種戰略的根本前提是比起採用其他戰略來這種獲取領導地位的方式能使廠商處於更優越的位置來保持地位或取得收穫。

有助於實施領導地位戰略的戰術步驟如下：

(1)在定價、行銷，或其他打算建立市場佔有率及確保由其他廠商把生產能力從行業內迅速撤出等領域內以積極的競爭行動來進行投資；

(2)按高於競爭對手有機會在其他地方銷售的價格來兼併競

爭對手或其產品種類以購進市場佔有率；這種戰術對降低競爭對手的退出障礙起作用；

　　⑶購進及引退競爭對手的生產能力，這種戰術也能降低競爭對手的退出障礙，並且確保競爭對手的生產能力不得在行業內出售；由於這一原因，在機械感測器行業內某家主要廠商一再表示要買下其最薄弱的競爭對手的資產；

　　⑷用其他方式降低競爭對手們的退出障礙，例如，通過樂意為競爭對手的產品製造零件，接收長期合約，為競爭對手生產私人標牌商品等方式使競爭對手得以終止生產活動；

　　⑸通過公開聲明及舉一行動來明確表示那種要留在行業內的強烈的信念；

　　⑹通過競爭行動來表明其明顯優勢的實力，這種戰術的目的在於消除競爭對手想與其進行較量的企圖；

　　⑺發掘並透露有關對未來衰退的不確定性的可靠信息，這種戰術會減少競爭對手過高地估計行業的真正前景而留存在行業內的可能性；

　　⑻通過促進對某些新產品或技術改革進行再投資的需要來提高其他競爭對手想留在營業內的賭注。

2.合適地位戰略

　　這種戰略的目標是要識別衰退中的行業內的某個市場面，這種市場面不僅足以保持穩定的需求或延緩衰敗，而且具有能獲得高收益的結構特點。然後，廠商為在這種市場面內建立其地位而進行投資。也許可以認為，為了要降低競爭對手的退出障礙或減少與這種市場面有關的不確定性而採取羅列在領導地

位戰略欄下的某些行動是合乎需要的。最終，廠商有可能要麼轉向收穫戰略，要麼轉向放棄戰略。

3.收穫戰略

在收穫戰略中，廠商企圖使營業單位中的現金流通盡可能完善。廠商是通過消除或嚴格地削減新投資、減少設施的維修，並利用營業單位所有的一些殘留實力來提高價格或從以往持續銷售的信譽中獲得收益，從而使這種戰略得以付諸實施，即使在廣告及研究活動已大為減少的情況下。其他一些共同的收穫戰術包括如下：

(1)減少型號的數目；

(2)縮減所使用的銷售分配管道的數目；

(3)排除小型客戶；

(4)在交貨時間(存貨)、修理速度，或銷售補助方面不斷降低服務水準。

並不是所有的營業都是容易有收穫的。收穫戰略的前提是廠商所具備的那些可賴以生存的真正的實力，同時衰退中行業的環境尚未退化到足以引起劇烈衝突的地步。沒有一定的實力，廠商的提價、品質降低、中止廣告活動，或其他戰術將面臨銷售額的急劇下降。如果行業結構在衰退階段導致極大的多變性，則競爭者將會抓住行業缺少投資的時機來掠奪市場佔有率或煞低價格，從而消除廠商通過實施收穫戰略來降低費用的優勢。此外，有些營業單位難以有所收穫，因為對增量費用的降低不存在什麼最佳選擇。一個最明顯的例子是處於這種地位的工廠如不加以維護的話，那就很快會無法經營。

　　採取收穫戰術的一個基本特徵在於不同的行動，有形的行動客戶是看得見的(例如，提價、減少廣告活動)，還有些是無形的行動客戶是看不見的(例如，推遲的維修服務、收支相抵帳戶的不斷下降)。無相對實力的廠商只能把自己局限於種種無形的行動之中，這種做法也許會，或也許不會，促使現金流量的猛增，這要取決於營業的性質。

4.迅速放棄戰略

　　這種戰略是基於這樣一個前提，即廠商在衰退的初期早就把其營業單位賣掉，則還能夠最大限度地獲得淨投資額的回收，而不是實行收穫戰略而到後期才出售營業單位，或其他戰略之一。儘早地出售營業單位通常能最大限度地提高廠商從出售營業單位中實現的價值，因為營業單位出售得越早，則對需求是否將會隨之而下降這一不確定性也就越大，於是像其他國外的資產市場的得不到滿足的可能性也會越大。

　　在某些情況下，在衰退之前或在成熟階段中就放棄營業可能是合乎需要的。一旦衰退明朗化，行業內外的資產的買主將處於更強有力的討價還價的地位。另一方面，儘早地出售營業單位也會使廠商承擔這樣一種風險，即廠商對未來的預測將證明是不正確的。

　　迅速放棄戰略會迫使廠商面臨諸如形象及相互關係之類的退出障礙，雖然早期退出通常在某種程度上會緩和這些因素。廠商能夠運用某種私人標牌戰略或將產品種類出售給競爭對手，以便有助於緩解其中某些問題。

(三)衰退行業的戰略選擇

選擇某種衰退期間戰略的過程是一種使留存在行業之內的合適性與有關廠商的相對地位相匹配的過程。廠商在確定其相對地位方面的那些主要的長處及弱點不一定是那些在行業發展較早時期所擁有的長處及弱點；相反，這些長處及弱點卻同剩餘的市場面或需求利益相關，並且在競爭抗衡的性質方面又同衰退階段的特定條件相關。

對於領導地位戰略或合適地位戰略同樣重要的是具有那種足以促使競爭對手退出的可信性。處境不同的廠商具有不同的最佳衰退期間戰略。便於考察廠商的戰略選擇的一種粗略的框架如圖 5-1 所示。

圖 5-1　衰退行業的戰略選擇

	具有與競爭對手有關的 爭取剩餘利益的實力	缺乏與競爭對手有關的 爭取剩餘利益的實力
對衰退有利 的行業結構	領導地位或合適地位	收穫或迅速放棄
對衰退不利 的行業結構	合適地位或收穫	迅速放棄

當由於低的不確定性、低的退出障礙，等等而使行業結構有助於某種適宜的衰退階段時，具有種種實力的廠商既可尋求領導地位又可守住合適地位，這取決於在大多數剩餘的市場面內進行競爭的結構上的合適性，而不必去選擇一兩個特定市場面。具備種種實力的廠商具有建立領導地位的勢力，一旦取得這種領導地位，那些在較量中失敗的廠商將會退出，而行業結

構就會產生收益。當廠商不具備什麼特殊的實力時，要奪取全面的領導地位或處於合適地位幾乎是不太可能的，但是這種廠商還能夠利用有利的行業來取得豐厚的收穫。這種廠商也有可能選擇儘早放棄營業的做法，這要取決於收穫戰略的可行性及營業單位出售的機會。

由於高度的不確定性、對競爭對手的高度退出障礙，以及導致多變的目標對策抗衡的條件而使行業對衰退中處於不利的狀況時，為獲取領導地位而進行投資不可能產生什麼收益，合適地位戰略也同樣不可能產生什麼收益。如果廠商相對實力較為強大，則這種廠商就可採取收縮的做法而保持某種受到保護的合適地位或有所收穫，這樣往往可以更好地利用行業的條件。如果廠商沒有什麼特殊的實力，則還是儘快退出為好，只要退出障礙許可的話，因為，由於高度的退出障礙而困在行業內的其他一些廠商不久將有可能對這種廠商的地位成功地發起攻擊。

對這一簡略的框架還有個第三因次，即保留在營業單位內乃出於廠商的戰略需要。例如，對現金流通的戰略需要可能使決策偏向於收穫或早期出售戰略，即使其他因素都指向領導地位戰略。從業務角度來看，廠商必須對其戰略需要的性質加以評價，並在確定正確的戰略的同時要考慮到衰退的其他條件。

對這種或那種衰退戰略作出早期承諾是有益的。一項對領導地位的早期承諾有可能發出一些對鼓勵競爭對手退出很有必要的信號，並對獲取領導地位提供必要的有利時機。對放棄戰略的某項早期承諾會產生一些已討論過的種種效益。推遲對衰

退戰略的選擇有助於消除極端的選擇，並迫使廠商轉向選擇合適地位戰略或選擇收穫戰略。

衰退中戰略的關鍵，尤其對種種進取型戰略而言，是要找到一些鼓勵特定的競爭對手退出行業的途徑。某些途徑已經在領導戰略選擇那部份作了討論。有時，會有必要使某個擁有高市場佔有率的競爭對手真正退出，這樣某種進取型戰略才顯得有意義。在這種情況下，廠商可以通過採用收穫戰略來等待時機，直至這個主要的競爭對手決定作出退出決策為止。如果領導者決定退出，則廠商就可隨時進行投資，而如果領導者決定要留下，則廠商就可隨即採取收穫戰略或放棄戰略。

心得欄 --

第 六 章

行業不同競爭位次的戰略選擇

一、位次競爭戰略企劃

競爭密度高這一點是日本企業發展的一個主要原因。和歐美由少數大企業壟斷型的市場佔有率構成相比較，日本的市場佔有率卻是由一個具有一定競爭層次的企業群構成的。

以汽車爲例，在美國，通用汽車公司的市場佔有率高達53%；在英國，雷蘭德公司的市場佔有率爲 46%；可是在日本，卻有豐田、日產、三菱、東洋、本田、鈴木、大發等公司，因而競爭密度很高。在半導體市場方面，也是由日本電氣(23%)、日立(18%)、東芝(17%)、松下(9%)、三菱(8%)、富士通(5%)構成的。其他，如影印機、電腦、數值控制機械等有戰略意義的行業領域，目前都形成了梯級式的市場佔有率結構。

在高密度競爭的情況下，開展競爭戰略要考慮兩個問題：

(1)要利用競爭有效地刺激技術革新；

⑵不做徒勞的競爭。

隨著競爭的激化，企業有必要採取位次競爭戰略來取勝。所謂位次競爭戰略，就是在梯級式的競爭結構中，明確本公司的競爭地位，對不同位次的競爭對手確立相應的對策。如果在實際競爭中忽視了自己的地位，採取與自己的位次不相稱的對策，就進入價格競爭、產品更新競爭等各種競爭，就不僅會給產業界造成混亂，而且最後也達不到目標。

位次戰略的目標就是要排除徒勞的競爭，通過對技術革新的刺激，創造出最適當和有效的競爭關係。表 6-1 就是位次競爭戰略的標準例子。

表 6-1 位次競爭戰略矩陣

本公司的地位	對第一位製造企業的對策	對第二位製造企業的對策	對第三位製造企業的對策	對第四位製造企業的對策	對第五位製造企業的對策	基本戰略
第一位企業	①	·包圍戰術 ·穩定競爭 ·掌握差別 ·用銷售力量和財務力量保持優勢	·包圍戰術 ·穩定競爭 ·有效地利用第三位製造廠對付第二位製造廠 ·同盟化	·包圍戰術 ·阻礙和第二位製造廠同盟	·創造互補的關係 ·集團化 ·作為適應市場變化的尖兵來使用	·穩定市場 ·穩定競爭 ·包圍戰術 ·和第二位保持差距
第二位企業	·在力量用盡時休戰 ·等待環境變化，注意掌握機會 ·在新領域領先 ·以產品和技術力量為中心 ·打進現有領域	②	·保持 20%以上的差距 ·阻礙第三位製造廠和第一位結成同盟 ·協調對第一位的戰略	·和第四位製造廠協調，使市場穩定 ·作為對第三位的戰略，和第四位同盟	·創造互補的關係 ·支援第五位製造廠的產品、市場差別戰略	·到力量用盡時和第一位休戰 ·注意市場變化，爭取在新領域領先 ·看準時機挑戰

續表

第三位企業	・採取協調的路線 ・共存戰略 ・作爲對第二位製造廠的對策，和第一位製造廠同盟 ・不能和第一位結成同盟時，和第二位製造廠共同向第一位挑戰	・和第一位結成同盟向第二位挑戰 ・把第二位打敗 ・把當前的目標集中到第二位	③	・對第四位保持差距 ・在競爭上不做過分的刺激	・成爲五位以下集團的領導者 ・防止向第一、二位製造廠集中 ・作爲使市場不穩定的尖兵來使用	・和第一位同盟 ・把第二位打敗 ・把五位以下組成集團，使市場不穩定 ・越過第二位，目標是第一位
第四位企業	・把第四位以下的集結起來，形成和第一位對等的集團 ・和第一位共同努力穩定市場 ・用差別的產品和第一位共存	・用四位以下的集體力量向第二位挑戰 ・要避免市場不穩定	・扯第三位的後腿，聚集三位以下的集團 ・要避免競爭激化	④	・成爲五位以下的集團的領導者 ・創造弱者的集結條件	・把五位以下組成集團 ・和第一位協調 ・努力穩定市場
第五位企業	・確立共存條件 ・和第一位共存 ・做到不被敵視 ・穩定市場	・不準備競爭 ・穩定市場 ・基本上用對第一位的戰略	・不準備競爭 ・穩定市場 ・基本上用對第一位的戰略	・用有差別的產品向第四位挑戰	⑤	・不準備競爭 ・和第一位共存 ・穩定市場 ・在別的領域傾注力量

（一）第一位企業的包圍戰術

在競爭中，處於第一位的企業的基本戰略，是穩定整個市場。使整個行業在價格、市場佔有率、技術、銷售等方面不發

生激烈的競爭，要以自己爲中心穩定市場。要點是和第二位製造企業保持差距。具體而言，基本戰略包括以下幾點：

(1)穩定市場；

(2)穩定競爭；

(3)採用包圍戰術；

(4)和第二位保持差距。

以汽車行業爲例，可以看出：第一位的豐田對其他汽車製造企業，在產品品種、銷售區域、銷售管道等方面，是實行緩和的寬容政策，以便謀求整個市場的穩定和擴大。對位次不同的製造廠，戰略也不同。豐田穩定市場的主要手段是與處於第二位的日產公司保持差距。豐田對第三位的三菱、東洋公司的態度是，在產品系列上採取相容路線，以豐田爲中心穩定市場，以牽制第二位的日產公司。

對第四位的本田公司，豐田則明確地採取產品差別化、市場差別化和突出特點的戰略，這是不必更新產品就可以對付本田公司產品生產台數不足的辦法。爲此，豐田採取了預先掌握週期性市場需要的獨特戰略。爲了盡可能地在早期階段包圍各個製造廠，這就需要平時注意監視市場和競爭對手的動向。還必須防止第四位的本田公司和第二位的日產公司結成同盟。

對第五位的大發公司，豐田則採取促進聯合的戰略，讓其承擔對豐田輕便車、女性專用車、電動汽車等產品的裝飾進行特殊加工的任務，以大發公司來補充豐田的產品系列。同時還把它作爲一個能迅速、靈活地適應新市場變化的尖兵來使用。

(二)第二位企業的位次戰略

在競爭中，處於第二位企業的基本戰略，是在力量用盡時，一面和第一位休戰；一面搶在市場變化之前，首先在新領域成爲第一名，然後看準時機向第一位挑戰。具體而言，基本戰略包括以下幾點：

(1)到力量用盡時和第一位休戰；

(2)注意市場變化，爭取在新領域領先；

(3)看準時機向第一位挑戰。

例如，第二位的日產公司的位次戰略，是與第一位的豐田公司休戰，不首先採取低價格競爭等策略，而是比豐田公司更注意加強產品力量和技術力量，更早地預先掌握環境變化，並在節省能源的技術革新，海外生產，對美、蘇、英的對策等方面，搶在豐田公司的前面適應變化，以便在新形成的市場中爭取第一名，然後再慢慢地向原有領域滲透、競爭。

對第三位的三菱、東洋，日產公司的主要對策是一面注意擴大與其在市場佔有率上的差距，一面避免它們和第一位企業結成同盟。對第四位的本田公司，則是組織同盟，努力創造新的市場環境。

在競爭中處於第四位的企業對新的市場變化和技術變化特別敏感。因此，應注意第四位企業的動向，如果它有新的、成功的變革，就應立即採納。

對第五位的鈴木和大發公司，不能輕視它們在輕便車、女性專用車等特殊領域中的擴大，爲擴展整個行業的地盤，要採取觀望的態度。

(三)第三位企業的適應戰略

第三位企業的戰略，是和第一位企業結成同盟，向第二位企業挑戰，聯合第五位以下的企業，把市場做成不穩定的競爭市場。尋找機會超過第二位企業，再以第一位企業爲目標。具體而言，基本戰略包括以下幾點：

(1)和第一位結成同盟；

(2)向第二位進攻，把第二位打敗；

(3)第五位以下組成集團，使市場不穩定。

比如，處於第三位的三菱、東洋公司，基本上都是採取和第一位企業不發生矛盾的產品戰略，集中力量把大眾市場當作目標，細緻地抓準顧客需要，短期更新產品等靈活機動的戰略。對市場的目標，重點不是第一位企業，而是第二位企業。

(四)第四、五位企業的戰略

第四位企業的基本戰略是聯合第五位以下的企業，創造弱者集結的條件，以弱者之間的聯合來形成能和第一位企業相對等的力量。但基本上是和第一位企業協調，努力穩定市場。第五位企業的基本戰略是不和高位次的企業競爭，而是和第一位企業共同生存。努力穩定市場，放棄在這個領域成爲首位的打算，把力量投到別的領域去。具體而言，基本戰略包括三點：

(1)和第一位協調共存；

(2)穩定市場；

(3)在別的領域傾注力量。

在競爭中居於第四位的本田公司的位次戰略，是努力成爲

第五位以下企業的領導者，通過擴大聯合，來牽制高位次的企業和致力於行業的穩定。

　　而第五位的鈴木、大發、日野、富士重等公司的戰略是，避免被高位次企業敵視，努力穩定市場。充分利用本公司的有利條件，在特定的環節上保持地位。

二、後發企業的競爭戰略企劃

（一）後發企業的基本戰略

　　在依照經營規模決定勝敗的企業之間的競爭中，後發的企業是弱者，經常肩負著很大的負擔。就像美國的戰略研究所PIMS 和波士頓諮詢公司所證實的那樣：決定總資本利潤率的主要因素是市場佔有率，市場佔有率增長一倍，總資本利潤率將提高 20～30%。這樣，對先發企業就有利得多，而後發企業的發展則會困難重重。在企業之間的競爭中，和先發企業相對的等級差別就是後發企業的問題。

　　後發企業所具有的不利條件，可以列舉如下：

- ・研究開發的費用少；
- ・在生產和流通領域中的經營規模小；
- ・直接銷售的機會少，把握市場需要有一定困難；
- ・在用戶和社會中的名望低；
- ・籌集資本的困難大；
- ・職工的士氣低；
- ・結果是總資本利潤率進一步低落。

這樣說來，難道由於這種惡性循環，後發企業就永遠沒有出路了嗎？如果死板地套用成本實驗理論，結果當然就是這樣。

對於後發企業來說，如何從自己的地位出發，迅速地適應環境變化是最重要的問題。

就先發企業來說，經營規模大是最大的優勢，而對後發企業來說，靈活機動性則是最有力的武器。

預先掌握市場上新環節的發生和舊環節的縮小等變化，是後發企業所面臨的課題。

搶在變化之前，確定合乎自己經營結構的新產品，並使這個產品取得最大的市場佔有率，是後發企業的基本戰略。

(二)後發企業的戰略路線

可用市場佔有率、資本收益率來考察後發企業的戰略。

1.擴大市場佔有率，輕視資本收益率

這是為了擴大市場佔有率，採用擴大產品品種投資、增加產量投資和降低價格的辦法。這種辦法比重視當前收益更重視擴大市場佔有率。卡西歐的臺式電腦、數字式鐘錶，吉田工業公司的窗框，本田公司的摩托車等稱霸世界的產品戰略，就是屬於這一類。

2.擴大市場佔有率，也擴大收益率

這是在擴大市場佔有率的同時也擴大收益率的戰略。是在沒有先發產品的空白市場，開發獨特產品的策略。三菱電機公司出售一年賺得四倍於原來年利潤的被褥乾燥機和三特利公司的生啤酒就是採用的這個路線。

3.保持一定的市場佔有率，重視資本收益率

這是一種不以擴大市場規模為目標，而是在保持一定市場規模的條件下，以開發高價值和高檔產品為方向，謀求提高企業收益的戰略。研製特大型電腦的阿姆達爾公司和生產超高級擴音器的肯新力克公司等就屬於這種例子。這兩個公司的成敗，將由今後用戶的需要是轉向低價格還是高級化來決定。

4.確保市場佔有率，犧牲收益率

在先發企業實行降低價格甩掉低位次企業的戰略時，後發企業為了確保市場佔有率，也要應付這種低價格競爭的局面，於是就不得不犧牲收益率。當資金能力不足，不能進行這種競爭的時候，就要採取 E 那樣的提高產品價值的路線。

5.減少市場佔有率，擴大收益率

這是一種既使犧牲市場佔有率，也要重視當前收益的戰略。在一般的情況下，這是處在衰退期的行業中，後發企業所採取的對策。如果高位次的企業採取這個對策，如像本田公司那樣，逐漸削減輕便四輪車的生產，也可以做到一面賺錢一面退出市場。

6.減少市場佔有率也減少收益率

如果一個後發企業不能走在市場變化的前面，又不能事先採取上述行動，那就會不得不忍受價格上的差別，從而進入惡性循環路線的迷途。

一般情況是，要使市場佔有率逆轉雖然是困難的，但是如果敏感地把握市場和技術的變化，實行機動靈活的策略，即便是後發企業，提高市場佔有率也是可能的。

(三)市場細分與重點突破

後發企業不能在本行業的所有領域進行競爭，要考慮今後市場的變化和本公司的經營資源，對整個市場進行細緻的劃分，注意選擇能夠有效地發揮本公司長處的市場環節，在有限的範圍中達到領先的目標。

因此，後發企業要探索能夠發揮自己力量，並能夠取得領先地位的市場環節，在這特定的環節上進行重點投資，就是取得成功的關鍵。但是在實際上，許多後發企業卻在使用力量上比先發企業更加分散。

由於先發企業是以物資的數量、廣大的市場區域和市場佔有率等戰略來包圍後發企業的。因此，後發企業就必須在局部地區，集中突破有限的領域，在這個領域傾注精力，創造最好的產品。

無論那個企業，其一半以上的利潤是從最好的產品上賺得的。細緻地劃分市場，不只是以產品來劃分，還可以根據顧客、服務水準、銷售信用、廠址、製造程序、流通管道以及技術狀況等來劃分。如果走在變化的前面，發現能夠有效地利用本公司長處的市場環節，就容易率先開發出有特色的產品。

(四)後發企業成功的典範

1.肯新力克公司把狂熱愛好者當重點，發展超高級擴音器

肯新力克公司是音響設備的大型製造企業，三聲道身歷聲創造者之一，是共同擔任副董事長的春日兄弟在 1972 年為集中發展三聲道身歷聲而設立的公司。該公司以只集中做超高級品

的產品戰略取得了成功，創業僅 4 年時間，就甩掉了大企業，在高級擴音器市場上獨佔鰲頭。

該公司成功的原因：

①在大企業未涉足的小市場上競爭

日本的音響市場規模約有 3000 億日元，其中擴音器市場有 500 億日元，肯新力克公司把這個市場的十分之一，即 50 億日元，有音樂素養的音樂愛好者作為集中的目標。因為 50 億日元的規模，大企業集中實力來做的可能性不大。

②用超高級品的大量生產和手工業企業競爭

超高級擴音器本來是在只有幾個職工的美工室用手工製作的，價格也往往是 50～100 萬日元，甚至有在百萬日元以上的。肯新力克公司把超高級擴音器投入工業化生產，價格降到了 20 ～30 萬日元。

③性能第一主義

肯新力克公司和大型製造廠不同，它不是依據成本和銷售價格來設計產品，而是從世界各地集中最高級的部件，以能夠作出現代的最高性能的產品為重點。

④不改變型號

仿效勞爾斯‧羅易斯(Rolls Royce，英國高級轎車商標)的做法，堅持不改變型號，實行比重視外觀更加重視性能的政策。

⑤即使是小故障也要走遍全國去修理

勞爾斯‧羅易斯的做法是，世界上任何地方只要有一臺本廠的汽車發生故障，也派人去修理。肯新力克也採取同樣的辦

法，在日本國內，即便是一台擴音器的故障，也派服務人員去修理。

「要成爲即便是小商品，只要社會需要，也生產的企業」，這是春日董事長堅定的經營思想。

2.卡西歐：獲得數字式石英錶市場佔有率的戰術

卡西歐公司最初銷售數字式石英錶「卡西歐土倫」是在1974 年 11 月。銷售初期，雖然遇到了因經銷零售店少而難以進展，可是現在，該公司已經在數字式領域成爲第一位的製造企業。探索這個過程，可知它的大致情況如下：

①依靠得意技術的轉移戰術

把事業限定在數字式石英錶領域上。這是能夠轉移卡西歐的得意技術——臺式電腦技術的領域。

②不斷降低價格，滿足不同需要

「卡西歐土倫」原有定價爲 5.8 萬日元和 6.5 萬日元兩個機種，只相當於「服部鐘錶店」的半價，比「西其歐」便宜 30%。1978 年 1 月拿出了 1.3 萬日元的新機種，1978 年 3 月拿出了1.1 萬日元的，同年八月又拿出了 0.98 萬日元的機種，隨著低價機種的相繼出售，還製成了數字式石英自鳴錶。

③以大城市的消費者爲重點

銷售初期，卡西歐公司的經銷零售店很少，經過大量廣告宣傳的苦戰（僅在 1970 年就投入了 10 億日元的資金），從1971、1972 年開始，「卡西歐土倫」的商標才在大城市的消費者中漸漸獲得了聲譽。

④用價格收縮政策甩掉競爭對手

卡西歐公司在樹立商標信譽的同時，看準機會，按照競爭對手難以追趕的速度，集中投入低價格的新產品，在對手尚未適應期間獲得市場佔有率。

三、進攻戰略

領先者何時是易受攻擊的？領先者的市場比率和利潤率可能正在引誘公司希望進入或改變自己在產業中的地位。但產業領先者們通常在保衛自己方面享有某些優勢，諸如聲譽、規模經濟、累積的學習經驗以及更受歡迎的供給者或銷售管道。此外，多數領先者深深地捲入了它們所在的產業，因而有力量對挑戰者進行持久的殺傷力很強的報復。因此，尋求改變相對於領先者的市場地位對公司來說是令人生畏充滿風險的任務。

然而，領先者往往是易受攻擊的。耐克(NIKE)在運動鞋上取代了阿迪達斯(ADIDAS)，斯託福在冷凍餐上戰勝了宴會公司和斯旺森。雖然對不同產業來說成功的戰略大不相同，但它們都面臨共同的威脅。成功的戰略都尋求破壞領先者的競爭優勢，同時避免大規模的報復。雖然產業結構的變化有時使領先者易受攻擊，但只有能更好瞭解現有產業結構的追隨者或潛在進入者才可能趕上領先者。

(一)進攻領先者的條件

進攻戰略的基本規則是不用想像的戰略去正面進攻，無論挑戰者擁有什麼樣的資源或實力。處在領先者地位所固有的優

勢通常能戰勝這類挑戰，而領先者將利用一切可能進行強有力的報復。隨之而來的戰鬥將不可避免地使挑戰者在領先者的優勢面前耗費掉資源。寶潔公司在咖啡行業中向通用食品公司（General Food）的麥氏（Maxwell House）商標挑戰時已經違反過這一規則。與公司的許多其他產品不同，在咖啡方面，前者的福爾傑咖啡沒有或幾乎沒有超過麥氏咖啡的優越性。前者也使用與通用食品公司一樣的價值鏈生產和銷售咖啡。麥氏用長長的一大串防禦戰術有力地進行了報復，它得益於自己大的市場佔有率和良好的成本地位。福爾傑基本上是以較小競爭者的代價獲得了某些市場，但還沒有得到可接受的利潤率。相反，麥氏維持了利潤率並不斷挫傷福爾傑成功獲得佔有率的企圖。

可口可樂針對西格賽姆斯進行的甜酒銷售（所謂系列甜酒）仍然是違反進攻領先者規則的另一種表現形式。雖然可口可樂在甜酒行業中獲得了相等於二等競爭者的市場，但是它面臨著相對於加羅的實際成本劣勢並且在抵抗加羅的產品或銷售方面沒有創新的方法，只有高額的費用。加羅對可口可樂的強力阻擊意味著可口可樂無法在甜酒行業賺取可接受的利潤。在影印機行業，IBM 碰到了類似的困難，它幾乎沒有取得別具一格或成本優勢並且在中、大型影印機上遇到施樂和柯達的頑強抵抗。

挑戰者要成功地進攻領先者需要滿足三個基本條件：

1.有一種持久的競爭優勢

挑戰者必須擁有一種超過領先者的明顯的、持久的競爭優勢，無論是在成本還是在別具一格方面。如果優勢是低成本，公司能夠靠削價獲得相對領先者的地位改善，或者以行業平均

價格賺取更高的差額，從而使公司能在銷售或技術開發上再投資。換一種情況，如果公司取得了別具一格的優勢，它將造成高價格和(或)針對領先者的銷售或試用銷售成本最小化。挑戰者擁有的這兩種競爭優勢來源必須是持久的。持久性確保挑戰者在領先者能進行模仿之前有足夠長的時期來填補市場空隙。

2. 在其他方面程度接近

挑戰者必須有某種辦法部份或全部地抵消領先者的其他固有優勢。如果挑戰者採用別具一格戰略，它還必須部份地抵消領先者從規模、率先行動者優勢或其他原因中獲得的自然成本優勢。除非挑戰者保持自己的成本與領先者接近，否則，領先者將用它的成本優勢抵消(或越過)挑戰者的別具一格優勢。類似地，如果挑戰者把它的進攻放在成本優勢基礎上，它還必須為買主創造一個可接受的價值量。否則，領先者將能維持超過挑戰者的價格差額，進而得到為強有力報復所需的總的利潤。

3. 有某些阻擋領先者報復的辦法

挑戰者還必須有一些削弱領先者報復的辦法。必須使領先者不願或不能對挑戰者實施曠日持久的報復，得到這樣的效果不是由於領先者自身的情況就是由於挑戰者選擇的戰略。如果沒有一些阻擋報復的辦法，進攻將促使能壓倒挑戰者的領先者作出不顧自己競爭優勢的反應。擁有資源和穩固地位的領先者一旦捲入戰鬥就能用進攻性的報復迫使挑戰者付出無法承受的經濟和組織代價。

成功地進攻領先者的三個條件直接來自競爭優勢原則。成功地改善地位的機會隨著挑戰者滿足各條件能力的增加而增

加。寶潔的福爾傑咖啡、可口可樂的系列酒以及 IBM 的影印機都沒有切實滿足這些條件中的任何一條，這說明了它們爲什麼是令人失望的經驗。

滿足這三個條件的困難在很大程度上以領先者的戰略和它的進攻性爲轉移。如果領先者處在沒有競爭優勢的「進退維谷」境地，那麼挑戰者往往能相當輕鬆地用成本或別具一格戰略取得某種競爭優勢。在這種情況下，挑戰者只需認清領先者的脆弱性並且實施利用這種脆弱性的戰略。另外，當要進攻的領先者咄咄逼人地追求成本領先或別具一格戰略時，如果想成功地進行挑戰，挑戰者就要具有進行重大戰略創新的能力，如開發新的價值鏈等等。

挑戰者滿足全部三個條件的產業可以舉麵粉濕磨行業爲例。卡吉爾和 ADM 公司成功地抵禦著傳統產業領先者 CPC、斯特利公司以及標準牌(Stardard Brands)三家的壓力進入了該行業。卡吉爾和 ADM 通過建立新的連續加工工廠進入該行業，這種工廠體現了加工技術的新近變化。它們兩家還把自己限制在狹窄的產品類型範圍之內，產品系列只包括較高批量的產品，因而減少了通過整體化銷售網銷售的一般管理費用。這些選擇使卡吉爾和 ADM 獲得超過傳統生產者的顯著成本優勢。同時，儘管產業領先者們在別具一格上作了努力，卡吉爾和 ADM 還是在別具一格方面獲得了平起平坐或大體相當的地位。由於該行業產品本身只是一種普通商品，因此，買主不重視廣泛的服務。另外，還有一些因素妨礙傳統產業領先者進行報復。該行業的競爭素有所謂紳士俱樂部的特點，因此，傳統產業領先

者害怕破壞產業均衡，不願對挑戰者進行報復。同時，CPC(第一大公司)和標準牌公司已經開始實施多種經營計劃，注意力和資源不斷從麵粉加工業向外轉移。

　　雖然麵粉加工業的例子說明了挑戰者滿足全部三個條件的情況，但是，只要很好地滿足一個條件就能抵消挑戰者不能滿足其他條件的劣勢。人民捷運(People Exress)和西南(Southwest)公司成功進入「直達」航線業務領域，這件事提供了一個案例，說明挑戰者只要很好地滿足兩個條件就足以抵消它勉強滿足第三個條件的不利情況。

　　直達航運通過利用不同的價值鏈取得了超過幹線航運的明顯成本優勢。同時，由於航空運輸很難造成差別，許多乘客認為直達航運提供的服務與幹線航運提供的服務很類似。然而，由於幹線航運試圖保衛自己的市場，所以直達航運面臨的主要威脅是幹線的報復。雖然由於削價成本很高和害怕損害品質形象，幹線航運在進行報復上有些猶豫，但直達航運給幹線航運帶來的威脅如此之大，使得幹線航運終於實施了報復。儘管直達航運只擁有短期躲避報復的能力，但其顯著的成本優勢大大增加了幹線航運的報復成本，以致許多幹線航運公司不再試圖與直達航運公司進行價格競爭了。

　　聯邦快遞公司(Federal Express)成功地抵抗金剛砂空中貨物公司(Emery Air Freight)的壓力進入該行業提供了另一個案例，說明挑戰者可以利用其在一個領域裏的強大優勢抵消領先者的持久實力。聯邦快遞公司擁有利用自己飛機和孟菲斯中樞的獨家遞送系統，因而迅速地獲得了連夜遞送小包裹的服務

差別。同時，它還獲得了更高的可靠性以及其他形式的別具一格優勢。然而，儘管聯邦快遞公司最終會取得平起平坐的成本地位甚至某種成本優勢，但其價值鏈更大的規模敏感性意味著其初始成本相對於金剛砂公司來說是高的。這種成本劣勢和沉重的債務負擔使聯邦快遞公司最初極易受到報復性打擊。然而，金剛砂公司沒有對聯邦快遞採取嚴厲的行動，直到聯邦快遞獲得了足夠多的比率，確立了與金剛砂大體的成本地位相當時，後者才決定實施報復。正如聯邦快遞這個例子所說明的，遲緩的報復為挑戰者贏得了克服成本或別具一格劣勢所需的時間。

(二)進攻領先者的途徑

成功地進攻領先者總是需要某種戰略洞察力。通常，挑戰者必須尋找一種旨在削弱領先者自然優勢的有特色的戰略，認清或創造阻擋領先者報復的方法。儘管針對領先者的各種成功的戰略在不同產業之間存在著廣泛的差異。但有三種進攻途徑總是可能出現的：

(1)重新組合。挑戰者革新其價值鏈的某些環節或革新整個價值鏈的組合。

(2)重新確定。挑戰者重新確定其相對於領先者的競爭範圍。

(3)純投資。挑戰者在其競爭優勢發展的領域之外靠更優越的資源或更強烈的投資慾望獲得市場地位。

這三條途徑中的每一條都改變產業的競爭規則，抵消領先者的優勢並使挑戰者獲得自己的成本或別具一格優勢。這三條

途徑不是相互排斥的，並且可以成功地串聯運用。

1.重新組合

重新組合使挑戰者可以進行不同的競爭，雖然各種活動的競爭仍然在與領先者相同的範圍內進行。爲了降低成本或擴大差別，挑戰者採用個別不同的價值活動或重新組合整個鏈。

已經成爲成功進攻領先者基礎的重新組合的解釋性實例如下：

(1)產品變化

挑戰者可以通過改變產品來進攻領先者。

①優越的產品特性或外觀產品性能

優越的產品特性或外觀產品性能對買主有價值是因爲生產者瞭解買主的價值鏈。寶潔公司的查明浴室紙巾比斯科特的產品更軟、吸水力更強，這使前者成了該行業的領先者。

②低成本產品設計

佳能(Canon)的 NP200 影印機由於使用了增色劑噴射開發技術比競爭者的影印機需要少得多的零件。這種低成本設計使佳能顯著地改善了它在小型普通紙影印機上的地位。

(2)外部後勤和服務變化

挑戰者能通過改變諸如產品支援、售後服務、定貨辦理程序或買物批發來進攻領先者。

①更有效的後勤系統

正如聯邦快遞公司做過的那樣，重新組合價值鏈有時能顯著地降低相對成本。

②更敏感的售後支持

如果挑戰者重新組合價值鏈使自己對買主的詢問、文件等反應更敏感，它就能做到別具一格。例如，銷售海上石油鑽探設備的維特科通過提供卓越的培訓材料和其他售後支持幫助其用戶掌握複雜的水下鑽探任務，從而顯著地改善了其地位。

③擴大定貨辦理服務

擴大包括履行像控制用戶清單之類的新的職責——這實際上就是接管用戶價值鏈中的各種活動。例如，一些批發銷售公司利用在線定貨接收零散用戶的訂單管理。再比如，麥克森利用它的 3PM 定貨辦理系統批發藥物，從而根本改善了自己的地位。這個系統使藥劑師可以直接定貨而且為他們提供其他有價值的信息。

⑶**銷售變化**

在許多產業中，挑戰者利用銷售價值活動的創新向領先者發起成功的進攻。最常見的一些創新包括：

①增加在推銷不足產業中的投資

挑戰者可以靠逐步增加推銷費用進攻領先者。例如，在芥末、冷凍菜和冷凍土豆三個行業中，格瑞波旁、斯託福和奧爾·艾達分別取得了成功或正在增加傳統的廣告費用率。更高的費用水準使公司能發出自己產品價值更高的信號，獲得高水準的商標知名度和高估價格。

②確定新位置

為了進攻領先者，挑戰者可以想像新的方法改變產品的地位。重新賦予冷凍菜作為餐中品嘗項目的地位是斯託福優勢的關鍵因素之一。

⑶新型銷售組織

也許具有某種不同類型銷售人員的新型銷售組織有時可以成爲成功進攻領先者的基礎。皇冠瓶蓋公司的技藝精湛的銷售隊伍認識到應當銷售全套的皇冠罐、瓶蓋和罐製造者用的包裝機，這是它戰勝美國罐(American Can)公司和大陸罐(Continental Can)公司的原因之一。

⑷**工序變化**

改變降低成本、擴大差別的工序上的價值活動爲許多成功進攻領先者的產業提供了基礎。

衣阿華牛肉公司在肉食包裝上開創了全新的價值鏈，卡吉爾和 ADM 則利用新的連續加工工廠進入了麵粉濕磨行業。而提高了品質、改進了的生產過程也在冷凍土豆方面爲奧爾·艾達的成功作出了貢獻。當然，有時會出現改變加工過程的全新技術或使老加工技術重新煥發青春的輔助技術變化。

⑸**下游重新組合**

利用領先者忽視的銷售管道或搶先優選正在崛起的銷售管道可以成爲進攻產業領先者的途徑。下游創新的一些例子有：

①開拓新管道

儘管布洛瓦和瑞士製錶商有歷史悠久的地位，但蒂瑪克斯在五十年代首先啓用雜貨店和大批量產品經銷商作爲手錶的銷售管道，這使它在該行業取得了領先地位。該行業的傳統領先者只把珠寶店作爲銷售管道。

②搶佔正在崛起的銷售管道

理查·維克公司首創在超級市場上銷售被稱爲 Olay 油的

高品質系列護膚品。對這類產品來說超級市場是正在崛起的銷售管道，因此，理查‧維克獲得了實際上的率先行動者優勢，這種優勢使 Olay 油成了該行業的皎皎者。

③直接銷售

日本拉鎖公司 YKK 繞過批發商直接向服裝公司銷售，從而成功地奪走了塔倫公司的地盤。

2.重新確定

進攻領先者的第二種主要途徑以對競爭範圍的重新確定為依據。拓寬範圍可能獲得利用相互關係的好處或一體化的利益，而縮小範圍則能裁剪價值鏈使之適應特殊目標。挑戰者可以用四種方式改變競爭範圍，這四種方式代表範圍的四種類型。重新確定的這四種模式並不是相互排斥的：

①產業內集中一點

把競爭基地縮小到產業內某個局部市場而不是橫跨整個產業。

②一體化或退出一體化

擴展或縮小自身從事活動的範圍。

③重新確定地域

把競爭基地從一個地區或國家擴大到世界範圍，反之亦然。

④橫向戰略

把競爭基地從單一產業擴大到相關產業。

⑴集中一點

反對領先者的成功的集中一點戰略採取了以下形式：

①用戶集中

　　像拉星塔這樣的汽車旅館公司已經專門為中等水準的商業旅行者服務，從而創造了新的低成本價值鏈以滿足這些旅行者的特殊需求。

②產品集中

佳能、理光和薩文專門在小型普通紙影印機上向施樂(Xerox)挑戰。

③銷售管道集中

在鏈鋸產業中，斯第爾針對霍姆賴特和麥克庫羅奇專門通過提供服務的經銷商向要求服務的買主銷售。

　　集中一點戰略的優勢往往在於使領先者很難實施報復而又不損害自己的戰略。它把領先者的報復推遲到挑戰者已經在產業中獲得安全的據點時為止。另外，進攻領先者的集中一點戰略可以成為序貫戰略的一部份。可以有這樣的序貫戰略：挑戰者最初利用集中一點進攻領先者，然後，隨著時間的推移，擴大自己的範圍與領先者全面競爭。在諸如電視機、摩托車等行業中，日本生產者就採用了這種戰略。在每種情況下，他們都從產品等級的低端開始並逐步擴大他們的產品系列。耐克公司在跑鞋上也用這種方法對付阿迪達斯，開始專門為剩餘市場服務，然後利用在這部份市場上取得的聲譽向下擴大自己的產品系列。序貫戰略的制訂以局部市場之間存在相互聯繫為前提，它使佔據了一個局部市場的公司能在其他局部市場上獲得競爭優勢。序貫戰略還有在這一過程早期不激起領先者報復的附加優勢。

⑵一體化或退出一體化

挑戰者可能利用一體化或退出一體化作為進攻領先者的一種手段。後向或前向一體化有時能降低成本或促進別具一格。例如，在甜酒行業中，加羅對制瓶的一體化是其成本優勢的一個重要組成部份。麥戈羅斯之所以形成瑞士主要的食品零售商要部份地歸功於對產品和包裝實行後向一體化給它帶來的戲劇性的產業優勢。環境的變化還可能使退出一體化成為獲取競爭者優勢的手段，退出一體化是針對實行一體化的領先者的。

⑶重新確定地域

某種地區性或全球性戰略有時可能成功地打擊在一個或很少幾個國家中經營的領先者。挑戰者擴大市場邊界以借助地理上的相互影響取得成本或別具一格優勢。使許多國家價值鏈一體化並協同的全球戰略可能提供生產或產品開發的規模經濟，可能創造更好地為世界範圍的用戶服務的能力以及另一些優勢。產業的全球化已經成了許多產業中挑戰者戰略獲得成功的重要原因，這樣的產業有汽車（豐田和日產對通用汽車）、摩托車、自卸卡車、電視機以及各種類型的醫療設備等。

然而，對於許多國家都有的產業來說，地區性國家差別意味著全球戰略是不符合生產率要求的。在這樣的產業裏，採用全球戰略的領先者容易受到以逐個國家為戰略基地的挑戰者的打擊。卡斯楚公司在汽車用油方面已經成功地運用了這種戰略。即便是在全球產業裏，也存在著某些局部市場允許持續運用以一國為中心的戰略，雖然該產業的其他局部市場需要全球戰略。在這兩種情況下，退出一體化可以是一種進攻領先者的

途徑。

在許多產業裏，公司為了戰勝全國甚至全球的競爭者而收縮到一國的某個城市或地區。然而，在存在著地區性競爭者的地方，競爭優勢可能來自某種全國性戰略。甘尼特公司(Gannett)的《今日美國》正試圖在報業這樣做。

⑷橫向戰略

挑戰者可能利用經營部門之間的相互關係作為擴大競爭範圍的另一種手段。相互關係可能給經營相關產業業務的公司帶來競爭優勢。挑戰者採用包含相關產業的橫向戰略可能成功地打擊在更窄或不同產業範圍經營的領先者。例如，在個人電腦業，IBM 用與自己其他經營部門的相互關係壓倒了蘋果公司(Apple)和坦迪(Tandy)這樣的早期領先者。

⑸多項重新確定

重新確定的四種模式並不相互排斥。挑戰者可以把它的戰略全球化並同時利用相互關係，就像松下公司在消費電子設備產業中做過的那樣。松下公司採用了共同製造、批發管道和其他橫跨許多消費電子設備產品的價值活動。它還使其世界範圍的戰略一體化和協調起來，該戰略壓倒了單一產品、單一國家的競爭者。

挑戰者還可以把一個方向的窄範圍和另一個方向的寬範圍結合起來。挑戰者可以在進行全球競爭(地理上的範圍)的同時利用在局部市場(產業內的範圍)上集中力量進攻領先者。公司還可能在一個產業內集中一點而在相關產業中利用相互關係，這是把寬範圍和窄範圍結合起來的另一種例子。同時以幾種方

式重新確定競爭範圍已被證明是競爭優勢的一種重要來源，因為競爭優勢來自各種重新確定的疊加。

3.純投資

進攻領先者的最後的、風險最大的方式是通過純投資而不是用重新組合或重新確定來進行。純投資涉及用低定價、加強廣告等方法進行獲取市場、總銷售量或商標知名度的投資。借助充分投資，挑戰者尋求獲得足夠的市場、銷售量或聲譽以便在相對成本地位或別具一格方面領先。挑戰者不能在任何方面比領先者做得不同或更好，但卻簡單地靠資源或更強烈的投資慾望壓倒了領先者。

這種抵消領先者的優勢的方法往往代價高昂並經常失敗。典型的情況是當領先者有成本優勢或別具一格優勢時，它往往有足夠的財務資源來抵抗這種戰略。領先者通常也有足夠的願望為保護自己的地位而大量投資。純投資風險的一個特別生動的例子是石油公司進入化肥和化學品產業的多種經營。儘管擁有巨大的財務資源，但由於沒有很好地利用重新組合或重新確定來獲取競爭優勢，這些石油公司取得的成績總的來說是不盡人意的。

挑戰者熟練地利用財務資源或領先者無意在產業內投資是純投資獲得成功的基礎。即便是財務實力強大的領先者也可能驕傲、麻木不仁、有其他優先考慮目標或承受著母公司要求獲取現金的壓力，因此，在領先者規模小且資本不足的產業，純投資表現得最成功。這些產業的領先者雖然有某種競爭優勢，但卻無力實施足以挫敗挑戰者的報復。

純投資本身仍然是最不願使用的進攻領先者的方法，但對以重新組合或重新確定爲基礎的戰略來說，強烈的投資願望往往是個重要補充。例如，在罐頭食品業，當美國和大陸兩家正在收穫時。皇冠公司進行了大規模投資，從而通過採用更現代的設備加速了它取得成本優勢的過程。

(三)阻止領先者的報復

獲得成功的挑戰者還必須發現或創造阻擋領先者報復的方法。這些方法要能削弱領先者的自然優勢並且降低挑戰者加強進攻的成本。有很多因素能阻止領先者對挑戰者的報復：

1.混和動機

如果挑戰者的戰略給領先者創造出混和動機，那麼，這個戰略就能抑制領先者的報復能力。當領先者碰到混和動機時，它如果要與挑戰者競爭或對挑戰者作出反應就必然損害自己的原有戰略。所以，已經在服務上確立了競爭優勢的領先者如果對挑戰者使服務可有可無的戰略作出反應，就將使它好不容易得到的聲譽失去作用。因此，領先者可能轉而選擇維持原有戰略並承受市場佔有率的損失。

BIC 公司對廉價、一次性鋼筆的推銷給出了另一個案例。BIC 這一行動給吉列公司的紙品伴旅分部創造了混和動機。紙品伴旅艱難地樹立了品質形象，與 BIC 競爭將損害這一形象。因此，紙品伴旅最終引入了全新的商標（書寫兄弟）來對抗 BIC。

領先者與其母公司其他經營部門之間的任何相互聯繫也可能成爲創造混和動機的基礎，因爲相互聯繫可以包括成本固定

性。相互聯繫限制阻塞了使領先者能作出反應而又不傷害其姐妹經營單位的途徑。當領先者正實施結合戰略時，混和動機也能增加。領先者可能允許挑戰者獲得最合適的佔有率而不願實行非一攬子戰略，因為這會引起整個產業解體。

2.高領先者反應成本

如果挑戰者的戰略使領先者承受高反應成本，那麼，領先者可能避免進行報復。例如，領先者較大的市場可能阻止它採取全面削價和增加保修服務之類高成本的報復行動。當領先者有不合適的或過時的機構、設備和勞工合約時，反應成本也可以較高。

3.不同的財務優先目標

當領先者有不同於挑戰者的財務優先目標時，它肯定不會對挑戰者的進攻作出反應。例如，強調短期利潤的領先者將把比率棄給願意放棄短期利潤的挑戰者。類似地，如果報復需要大量再投資，希望得到高現金流的領先者一定不會進行報復。塔姆帕克斯公司提供了一個領先者財務優先目標不同於挑戰者因而招致進攻的例子。保持婦女衛生用品的超額利潤似乎已經成了塔姆帕克斯內部的偏見，這導致該公司對頻繁的進攻幾乎毫無反應，直到最近這種局面才有了變化。財務優先目標的差別也成了許多外國公司戰勝美國領先者的基礎。

4.業務量限制

如果領先者的任務和注意力已經轉向其他產業，它就不可能進行報復。母公司能夠限制經營部門的資源或為它們規定目標。例如，被母公司當作「現金牛」來對待的領先者不可能得

到資源以抵擋挑戰者的進攻。類似地，積極追求多種經營的領先者可能不再密切監視和防守其核心產業。例如，皇冠公司能戰勝美國罐公司和大陸罐公司在一定程度上是由於這兩個領先者企圖採用其他包裝形式進行多種經營。

5. 規章限制的壓力

如果領先者認爲由於規章限制的壓力而不能採取行動，那麼它就不可能進行報復。反壟斷調查、安全標準、污染管理條例以及其他許多規章制度都能抑制領先者的反應。一些觀察者認爲從華盛頓發出的制瓶商特許制度干擾了可口可樂對百事可樂挑戰的反應；而現在，當 ATT 碰到新競爭時，對規章限制的恐懼正困擾著它。

6. 盲點

在解釋產業狀況時，領先者可能受錯誤假設或盲點之害。例如，如果領先者對買主的真正需要或產業的重要性有錯誤的感覺，挑戰者就可能在領先者行動之前採取措施而改善地位。此外，領先者可能自信地認爲挑戰者的行動是不妥的、無關大局的，直到挑戰者確立了足夠強大的市場地位時爲止。

盲點已經在許多挑戰者取得的成功中起了重要作用。哈利大衛森錯誤地理解了對小型摩托車的需求，因而在本田公司(Honda)建立生產能力時袖手旁觀。施樂似乎對小型影印機有錯誤理解，齊尼斯則不顧設計和自動化生產技術的改進而抱住手工裝配的電視機不放。實際上，只要細心分析競爭者的假設，這類盲點就能顯現出來。

7.錯誤定價

領先者可能根據平均成本定價，而不是根據把特定產品送到特定買主手裏的成本定價。如果挑戰者以價格過高的產品或承受過高價格的買主為目標並以更低的價格提供相應產品，那麼，領先者要過很久才會認識到自己產品的真實成本因而不願意減少自己的總價餘額。對這類戰略，領先者的反應往往是從一個接一個的局部市場上退卻，直到挑戰者成了領先者為止。

8.競爭中的紳士風度因素

如果產業中的競爭是一場紳士間的比賽，那麼領先者的反應可能很遲緩。在這類產業中，由於害怕破壞自己與對手之間的關係，領先者往往感到不能對挑戰者進行報復。最近的情況表明，可口可樂作為軟飲料業政治家的悠久歷史似乎有助於可口可樂對百事可樂實施溫和性報復，在該產業中其他公司過去總是遵守可口可樂制定的規則。

阻止領先者報復的行動由各種不同的潛在原因引起。某些阻止行動以混和動機或資源配置優先目標這類真實因素為根據，而另一些則基於領先者的感覺差錯，像盲點、錯誤定價等情況。當有阻止領先者報復的切實措施時，挑戰者的成功機會最大。多種因素複合成的阻止措施常給領先者帶來困難。例如，瑞士手錶公司在對蒂瑪克斯作出反應時就有涉及蒂瑪克斯銷售日常隨意使用型手錶能力的盲點。由於瑞士手錶工廠存在著既定的勞動密度，它們在與蒂瑪克斯的自動化設備競爭時反應成本就高。此外，如果它們仿效蒂瑪克斯進入雜貨店銷售管道，還要碰到疏遠珠寶店的混和動機問題。

重新組合和重新確定戰略經常利用阻止領先者報復的措施。這些戰略往往創造混和動機、高反應成本或者該戰略本身被領先者錯誤理解。不過，純投資戰略的困難之一在於它與其他兩種進攻途徑不同，很少可能與阻止領先者報復的措施聯繫在一起。純投資戰略在領先者有不同的財務優先目標因而不願意與挑戰者投資活動競爭的情況下才最有效。

（四）領先者脆弱的信號

進一步的討論將給出標誌領先者易受攻擊的信號。這些信號分成兩組——產業上的信號和領先者特性上的信號。

1.產業信號

結構變化也許能提供領先者可能易受攻擊的最強信號。發源於產業外部的結構變化是領先者脆弱性的非常重要的徵兆，因為歷史悠久的領先者往往錯誤解釋這些變化。

某些領先者脆弱性的重要產業信號包括：

⑴突發的技術變革

突發的技術變革增加了戰勝領先者競爭優勢的可能性。例如，在輪胎行業中，輻射狀輪胎的出現造成了使米士林能向古德伊爾公司和火石公司挑戰的突發性。在打字機行業，電子設備使安德伍德公司衰落並正在威脅 SCM。對連續技術變化作出反應對領先者地位的好處可能比對挑戰者更大，因為領先者擁有規模經濟和積累性的學習經驗。

⑵買主變化

無論出於什麼原因，買主價值鏈的任何變化都可能標誌著

別具一格、新銷售管道和產業細分化的新機會或其他機會。例如，勞力中婦女數量的增長爲在許多生產婦女用或家用產品的產業中向領先者挑戰創造了機會。新的買主局部市場也是機會的一個標記，因爲領先者一定不能有效地爲他們服務。

⑶變化著的銷售管道

新銷售管道的出現爲進攻領先者在現有銷售管道中的支配地位提供了潛在機會。例如，許多消費品銷售向超級市場的移動已經爲進攻許多領先者創造了條件。

⑷變化著的投入成本或品質

重要投入品質量或成本的變化可能標誌著挑戰者利用各種方法獲取成本優勢的機會，這些方法包括採用新生產過程、封鎖新原材料來源以及爲減少材料消耗或改變材料構成而修訂產品設計等。例如，電力成本戲劇性的上升正在爲挑戰者改變自己在煉鋁業中的地位提供機會。

2.領先者信號

產業領先者的下列特性標誌著它的脆弱性：

⑴進退維谷

領先者處在進退維谷境地(缺少對成本的領導權或相對於其他同行的別具一格)爲挑戰者提供了一個吸引人的目標。挑戰者可能發現自己很容易滿足條件。

⑵不滿的買主

有不滿買主的領先者往往易受攻擊。不滿買主的存在表明領先者一直在行使自己的討價還價能力，或者，領先者公司的職員因爲過去的成功染上了驕傲態度。不滿的買主可能積極鼓

勵和支援挑戰者。

⑶現行產業技術的開拓者

開創了目前這一代技術的領先者可能不願意接受下一代技術並且還可能由於其對現行技術的投資而具有固定性。在汽車工業發展的早期，福特公司(Ford)似乎受過這類問題之害。

⑷非常高的利潤率

獲取超額利潤的領先者可能為挑戰者提供保護傘，如果這種高利潤高得足以抵消進攻成本的話。高贏利的領先者還可能不願因進行報復而使利潤遞減。此外，超額收益還可能標誌著領先者在產品系列贏利率低的部份獲得了比率，從而為挑戰者實施集中一點戰略提供了機會。

⑸規章制度問題的歷史

有反壟斷之類規章制度問題歷史的領先者實際上可能無法採取強烈的報復或者它自己認為不能這樣做。

⑹完成母公司業務指標不得力

被母公司認為不得力的領先者一定不可能得到足夠的資本跟上最新的技術變化，也不可能有充分的自主權來處理盈利率以便對挑戰者進行強烈的報復。

四、防禦戰略

每個公司都容易受到競爭者進攻。進攻來自兩類競爭者——本產業的新進入者和試圖改變自己地位的原有競爭者。如果一個公司為獲取競爭優勢持續投資，改善自己的相對成本

地位和別具一格的形象，那麼，挑戰者就很難成功。然而，即使有了充滿活力的進攻戰略，防禦戰略仍扮演重要角色。對公司來說，讓挑戰者按照公司自己選擇的競爭方式向公司發起進攻是更困難的。

防禦戰略旨在降低進攻的可能性，把進攻引向威脅更小的方面或者減少進攻的強度。防禦戰略本質上不是增加公司的競爭優勢而是使它更持久。幾乎所有有效的防禦戰略都需要投資——公司應放棄某些短期盈利以提高持續能力。最成功的競爭戰略應把進攻和防禦兩個方面結合起來。

（一）挑戰者的入侵

防禦戰略建立在對挑戰者怎樣看待公司的深刻瞭解上，建立在挑戰者作出改善地位的各種選擇時所期待的利潤率上。防禦戰略的制訂必須從理解新、老競爭者的進攻是一個決策和行動的時段序列入手。恰當的防禦戰略必須根據從純粹進攻的全過程角度來制訂，而不是只有一個步驟的進攻。恰當的防禦模型在不同階段將有所變化，因為隨著過程的進行，挑戰者處在不同的捲入程度和投資水準。

進入或改變地位過程由四個時期組成。這裏首先就新進入者的情況討論這四個時期，然後說明如何把同樣的過程應用到試圖改變自己地位的原有競爭者上。

1.準進入時期

這是進入者開始進入之前的時期，在這個時期進入者把該產業作為一個進入目標來考察。進入者在此期間的典型投資局

限在市場研究、產品與加工技術開發以及就各種收買活動與投資銀行家進行接觸等活動。這是最費力的偵察階段，因為進入者有關進入的打算往往還沒確定。作為準進入期的結果，許多潛在的進入者決定不進入。

2.進入時期

在這個時期，進入者投資建立自己在產業中的基本地盤。這一時期要進行諸如持續的產品和加工技術開發、檢驗市場、國內拓展、蓄集銷售能力以及建廠等各種活動。進入者希望在這段時期結束時已經在產業中獲得了有活力的地位。進入期可以持續幾個月或幾年，這取決於建立初始地位所必需的那些活動需要多長的引入週期。在餐館這樣的服務業中，這段時期可能只有幾個月；在自然資源產業中，它可能是五年或更長的時期。

3.持續時期

這一時期進入者的戰略從進入戰略向長期目標戰略演變。並不是每一次進入都會出現這樣一個時期，但是，它在許多產業中體現了持久進入戰略帶來的利益。寶潔公司進入消費紙製品產業的情況為此提供了例證。該公司兼併了一家沒有多少名氣的地方公司——查明造紙公司，然後，便改變了它的戰略，使它在國內擴展業務，大量向廣告投資並改進產品。在持續期，進入者可能採取諸如擴大產品種類、縱向一體化或拓寬地理覆蓋面等行動。這些活動需要向該產業不斷投資，其數量超過了為獲得立足之地所必需的投資。

4.後進入時期

這是進入已充分進行之後的時期。在進入過程的這個階段，進入者的投資已經移到那些爲保持或防守自己在產業中地位所必需的方面去了。

現存競爭者改變地位的過程同樣涉及這幾個階段。競爭者首先企圖改變地位，然後開始爲改變地位進行實際的投資，進而最終實現所追求的目標或者失敗。原有競爭者也可能通過實施一組連續步驟來改變自己的地位。因此，挑戰者爲改變地位而進行的第一步活動往往不能可靠地表明其最終的目標戰略。

有許多理由表明，進入或改變地位的階段對防禦戰略有重要意義。首先，挑戰者對其戰略的捲入水準可能在各個階段非常不同。一般地說，如果能取得某些成功的話，挑戰者的捲入程度隨著過程的進展而增加。進入或改變地位戰略的初始捲入水準將會變化，這種變化影響該董事會對最重大決策正確性以及其他可利用機會吸引力看法的一致性。然而，隨著決策的作出、資源付諸使用、時間流逝和戰略的進展，捲入的程度傾向於提高。挑戰者的捲入水準對防禦戰略有關鍵影響，因爲它反映阻止或限制挑戰者目標的難度。

隨著過程的進行，退出和收縮障礙也傾向於增加。高退出或收縮障礙的存在給驅逐挑戰者或迫使其目標等比例收縮帶來了困難。隨著挑戰者付出專門財富、簽定長期合約、實施與其他姐妹經營單位有關的橫向戰略以及向產品或加工技術開發投資，退出和收縮障礙將不斷提高。在某些產業中，甚至連建立立腳點也意味著創造了有效的退出障礙。在其他產業中，挑戰

者有時能把提高退出障礙的風險推遲到進入過程的後期。研究認識挑戰者退出和收縮障礙的高度以及它們將怎樣隨著時間而變化對防禦戰略的制訂意義重大。

　　挑戰者捲入程度越大、退出障礙越高，防禦就變得越困難。由於捲入程度和退出障礙通常是提高的，由於投資決策往往是以分散方式作出的，因此，防禦的時機選擇就至關重要。如果恰好在挑戰者必須決定是否採取那些將導致退出或收縮障礙提高的步驟之前，防禦行動被實施，那麼這些行動可能給挑戰者的內部決策過程投下陰影。可以借助識別形成價值鏈所需投資的成本和風險來預見挑戰者的關鍵時機。因此，防禦戰略的一個重要原則是，在退出障礙提高之前採取防禦行動。

　　挑戰者在進入或改變地位過程的進行中不斷學習。其假設在將被經驗驗證或否定的初始決策過程中制訂，而經驗還將構造未來的假設。因此，挑戰者可能根據這一過程的早期偶然事件調整自己的戰略。這樣就給防禦者設想挑戰者的信息和假設提供了重要機會。公司通常比挑戰者更瞭解本產業，因此，能比挑戰者更好地預見挑戰者戰略將導致的後果。這使公司可能以某種方式影響挑戰者的戰略方向，這種方式使挑戰者戰略給公司帶來的消極影響最小化。

　　防禦者還必須努力防止挑戰者建立進攻基地的企圖。當考慮進入新領域的有風險的、不確定的措施時，挑戰者的董事會可能對挫折或早期成敗的跡象特別敏感。技巧嫻熟的防禦者尋求阻止挑戰者實現初始目標，並試圖以特定方式改變產業的競爭狀況，即使挑戰者懷疑自己對該產業或產業內某個位置吸引

力的初始假設。

　　隨著進入或改變地位過程的發展，挑戰者意圖的不確定性將遞減。這對防禦戰略也有重要意義。在進入或改變地位開始之前，公司只能推測潛在進入者或打算發動進攻的競爭者的本性。然而，一旦進入或改變地位的行動開始，挑戰者的本性就知道了。最初，挑戰者的戰略和長期意圖可能仍不清楚，然而，隨著過程的發展，這些都會更清晰地顯現出來。當然，直到深深地進入維續階段，即已經進行了重大投資以後，才會知道挑戰者的最終戰略。

　　公司無法防禦所有想像得到的各類進攻，即由每個想像得到的競爭者或潛在競爭者發動的進攻。因此，在挑戰者出現之前，防禦必然是更一般化的，而這種類型的有效防禦可能代價高昂。一旦挑戰在進行了，防禦戰略就可以被調整得適於對付由特定挑戰者造成的威脅。這裏揭示的規律是預測那個公司是最可能的挑戰者以及其可能的理論進攻路線在那裏要花費很高代價。因此，把防禦投資用在最需要的地方使防禦有更好的成本一效益。

(二)防禦戰術

　　防禦戰略旨在影響挑戰者對進入或改變地位的預期收益的計算，從而使挑戰者得出這類行動不會產生誘人效果的結論或使其選擇對防禦者威脅更小的戰略。為此，防禦者要研究防禦戰術。多數防禦戰術是高成本的並且是靠減少短期利潤來提高公司地位的長期持續能力。然而，除非不惜代價，多數公司不

能完全消除進攻的威脅。因此,防禦者應當為把威脅減小到可接受程度而投資,權衡相對於防禦成本的進攻風險。

以下三種類型的防禦戰術構成任何防禦戰略的基礎:

(1)提高結構性障礙;

(2)增加可預料的報復手段;

(3)減少進攻的誘因。

進入或移動的結構性障礙是挑戰者相對於公司的競爭劣勢的根源。結構性障礙的存在惡化了挑戰者從挑戰中得到的預期收益。例如,通用食品公司的麥氏咖啡(Maxwell House Coffee)商標享有市場開發的規模經濟。從而迫使挑戰者承受比通用食品公司更高的市場開發成本比例,直到它的市場與通用食品公司接近時為止。這些更高的成本將減少挑戰者在通用食品公司比率之下進入該產業的計劃利潤,從而減少挑戰的可能性。

第二類防禦戰術是增加能為挑戰者覺察的報復威脅。公司按理會進行的報復將減少挑戰者的收益或提高它的成本,因此,侵蝕了挑戰者預期的盈利能力。提高結構性障礙和增加可預料的報復都尋求惡化挑戰者相對於成本控制者或唯一性控制者的地位,從而削弱挑戰者的相對地位。

第三類防禦戰術涉及減少導致挑戰者進攻的誘因。儘管提高障礙和增加可預料的報復旨在減少挑戰者的預期收益,減少誘因卻要求公司接受更低的利潤。例如,如果公司降低價格或在其他相關經營單位中獲取利潤而不是在該產業中獲取,挑戰者將會發現,即使它的進攻成功了也所得甚微。

所有這三類戰術都可以在挑戰發生之前和挑戰開始進行時

使用。然而，一旦挑戰已經開始，公司就不僅要考慮自己相對於挑戰者的地位，而且要考慮採取什麼樣的行爲可以抑制挑戰者或鼓勵別的對手。對防禦戰術的投資不能也不應當用傳統的短期盈利指標來衡量。因爲那樣做忽視了防禦投資的目標，而阻止挑戰者的行動是有意減少短期利潤率以確保長期利潤率。

1.提高結構性障礙

提高結構性障礙的防禦戰術是封鎖挑戰者合理進攻路線的行動。某些最重要的戰術如下：

⑴填補產品的缺口

當公司填補其產品種類的缺口或優先佔領按理說挑戰者可能去利用的其他推銷目標時，障礙就會提高。這類措施迫使挑戰者與防禦者正面相對，而不能不戰就得到一個灘頭陣地，或控制一部份可以用來抵消更高成本的溢價。填補缺口可以採取多種形式：

①擴大產品種類以阻塞產品空位。

精工(Seiko)曾獲取普利桑 Pulsan 手錶商標以封鎖西鐵城(Citizen)和蒂瑪克斯(Timex)從低檔品一端發起的進攻。

②引進與產品特性相配的商標或引進挑戰者有的或曾經有過的商標配置。

這些用於封鎖或戰鬥的商標在不損害主要商標地位的情況下提高障礙。

③取消其他可供選擇的推銷項目代之以次要推銷項目或次要推銷運動。

④對與競爭者產品系列接近的產品種類防禦性地實行低定

價以阻止競爭者產品系列的擴張。

⑤鼓勵好的競爭者填補缺口而不威脅公司。

不應當期望防禦類產品的防禦性推銷活動像公司核心業務那樣有利可圖，並且相應的價格必須反映它們的防禦價值。

這類產品和推銷活動的防禦價值並不必然要求公司付出大量費用。即使填補缺口的產品沒有被進攻性地推進，僅僅是它們的存在就構成了對進入的抑制，因為如果挑戰者恫嚇，這些防禦行為將被啟動。因此，提高障礙可能同時使挑戰者預料有更大的報復。

⑵封鎖銷售管道入口

當公司使挑戰者達到銷售管道入口更困難時，它提高結構性障礙。防禦戰略不僅應當指向公司自己的銷售管道，而且應當指向封鎖其他銷售管道的入口，這些管道對挑戰者進入公司的管道來說可能是一種替代或跳板。例如，通過利用專用商標商品的銷售管道，挑戰者往往得到遞增的銷售量和經驗。

封鎖銷售管道的戰術包括以下內容：

①銷售管道的排它性協議。

②填補產品種類缺口以便為銷售管道提供充足的產品種類。競爭者在獲取地盤時會因此而遇到更艱難的時期。

③擴充產品系列以包容一種產品的所有尺寸規格和形式，從而裝滿銷售網站的貨架或倉庫的空間。

④合理的合併或分類以減少遭挑戰者攻擊的可能性。

⑤確定攻擊性的銷售量折扣或以銷售管道總銷售量為根據的折扣，以抑制新供應者的嘗試。

⑥對本公司產品實施有吸引力的售後服務支持，優先佔領那些放棄向個人和團體售後服務投資的銷售管道。

⑦願意向專用商標銷售商提供商品，以便先於挑戰者佔領這部份市場的入口。

⑧鼓勵填充銷售管道而不威脅公司的好競爭者。

⑶提高買主的轉換成本

公司可以通過提高買主的轉換成本來提高障礙。防禦戰略中的某些常見方法包括：

①免費或低成本訓練買主使用和維護公司的產品，或提供記錄保管之類的專門服務程序。這種程序只適用於從公司買去的產品。詹森・曼維爾已經利用買主訓練有效地提高了屋頂材料承包商購買屋頂材料的轉換成本。

②與買主共同參與產品開發，或對買主提供應用工程輔導，以有助於將公司產品結合到買主的產品或加工過程中去。

③利用可以直接訂貨或諮詢的專用電腦終端或在公司電腦中儲存買主資料的方法與買主建立聯繫。

④在買主所在地區擁有一定數量的庫存機器設備。例如，車用油的主要供應者在車庫或修理間附近擁有大量貯存的油罐。

⑷提高進行試驗的成本

如果挑戰者為了讓買主試用其產品需要花費高代價，那麼它就碰到了值得考慮的障礙。提高這種障礙要求公司瞭解那些首先被買走的產品種類，以及最可能成為挑戰者產品早期試驗者和購買者的買主類型。

封鎖競爭者這些試驗途徑的步驟包括：

①有選擇的降低最可能被首先買走產品系列中某些產品的價格。

②高水準的向最易於試驗使用新產品的買主贈用或分發樣品。

③對增加買主購買量的交易打折扣，延長訂貨之間的間隔或延長合約期限。所有這些都阻止挑戰者對訂貨管道的接近。

④宣佈或洩露不利於新產品推廣的消息或推遲買主購買新產品的價格變化消息。

⑸防禦性地增加規模經濟

如果規模經濟增長，障礙也會提高。在廣告和技術開發的領域增加規模經濟往往是可能的，因為這些領域的規模門檻是由競爭決定的。例如，通過加快技術開發投資速度，進而提高產品開發速度，公司可以增加挑戰者必須擁有的技術開發投資，而這些投資要分攤在挑戰者相對小的銷售量上。在最小規模由競爭性開銷水準決定而不是由技術決定的領域，公司可以最有效地增加規模經濟。這通常意味著公司在別具一格方面擁有一種成本優勢的地方採用別具一格的競爭戰略。

通常以多種方式防禦性地增加規模門檻：

①增加廣告經費。

②增加加快技術變化速度的經費。

③縮短某些產品型號的壽命週期，這些型號的產品需要固定或準固定的開發成本。

④增加銷售力量或擴大服務範圍。

⑹防禦性地增加資本需求

如果公司能提高對手與自己競爭所必須使用的資本量，挑戰者就可能受到抑制。由於許多防禦戰術通過增加開業成本來提高挑戰者的資本需求，所以，許多防禦措施對資本需求有特殊影響：

①增加提供給交易者或買主的資金量。

②增加授權範圍或放寬收益政策。

③減少產品發送時間或節約配件，這意味著訂貨或對多餘生產能力的需求增加。

⑺排斥其他可選擇的技術

如果公司能排斥挑戰者可能採用的其他技術，那麼就堵死了這條進攻路線。某些排斥其他技術的戰術是：

①獲得產品或加工方面其他可行技術的專利，施樂（Xerox）在影印機行業發展早期就曾卓有成效的這樣幹過。

②通過購買許可證、開辦採用其他可選擇技術的實驗性工廠、與有其他可選擇技術專家的公司結成聯盟或實際生產採用一種其他技術的產品等方式來保持參與其他可選擇技術的開發。所有這些戰術都使挑戰者知道，如果需要公司也可以採用其他技術。

③發放許可證給好競爭者或對其進行鼓勵，使其採用其他可選擇的技術。

④通過顯示某種跡象來造成對其他技術的不信任。

⑻在保護專有技術訣竅上投資

如果公司能夠保護自己在產品、加工或價值鏈其他環節中

的專有技術訣竅，就可以提高障礙。在限制專有技術訣竅的擴散方面，公司往往沒有系統的措施。這類措施的一些基本方面包括：

①嚴格限制接近有關機構和職員。

②偽裝或調整自己的生產設備。

③縱向一體化到關鍵元件，以避免技術訣竅傳播到供給者手裏。

④人力資源政策應使人員流動最少並防止洩密。

⑤進攻性地獲取發明專利。

⑥對所有侵權者提起訴訟。儘管訴訟成功的可能性是低的，但訴訟可能推遲挑戰者的投資，直到爭執解決爲止。

⑼束縛供給者

如果公司能夠排斥或限制挑戰者接近原材料、勞力和其他投入品的最好來源，也會提高障礙。這方面的某些典型戰術如下：

①與最好的供應者簽訂排它性合約。

②後向一體化或部份乃至全部佔有供給者，以排斥其他供給來源。

③收購關鍵產地(礦山、森林、土地等)的需求餘額，以免被競爭者搶先佔有。

④簽訂長期購買合約以束縛供給者的生產能力。據報導，可口可樂在尋找高產穀物糖漿(一種糖的廉價替代品)貨源時，就奉行了這種戰略。

⑽提高競爭者的投入品成本

如果公司能提高挑戰者的相對投入成本，那麼障礙也會提高。這樣做的大部份機會是由競爭者（或潛在競爭者）的成本結構差別造成的，因為這種差別使得特定投入品的價格變化對競爭者的影響比對公司的影響更大。這方面的一些常見戰術如下：

①防止自己的供應者同時還為競爭者或潛在競爭者服務，提高這類供應者的成本以避免公司的某些規模經濟通過這類供應者轉移到競爭者手裏。

②如果勞力或原材料價格對競爭者來說代表了成本的更高比例，就哄抬這些投入品的價格。這種戰術可能已經相當成功地被大啤酒公司用來對付那些自動化程度較低的小啤酒公司了。

⑾防禦性地運用相互關係

公司可以通過利用競爭者無法抗衡的相互關係來降低自己的成本或擴大差別。同時，如果競爭者利用的相互關係是公司無法抗衡的，那麼它也對公司構成威脅，必須加以防範。防禦分析或許表明，公司應當利用相互關係，包括經營某些新業務來加強自己的防禦地位。

⑿鼓勵提高障礙的政府政策

在諸如產品或工廠安全、產品核對總和污染控制等方面，政府政策可以成為主要的結構障礙。這類政策可以增加規模經濟、增加需求以及其他潛在障礙。公司可以對自己防禦地位有利的方式來調整政府政策的性質。公司可以：鼓勵嚴格遵守安全和污染標準、根據規章條款向競爭者的產品和活動提出質

疑、支援廣泛的產品檢驗要求、當碰到外國競爭者時，為貿易籌資和對自己有利的貿易政策而遊說。

⒀提高障礙結盟或接受挑戰者加盟

與其他公司結盟可以以上面描述過的許多方式來提高障礙，像排斥其他技術或填補產品缺口那樣。同時，與可能的挑戰者結盟可能是把威脅轉變成機會的辦法。

2.增加可預料的報復

第二類防禦戰術是採取增加報復威脅的行動，這種威脅要能為挑戰者覺察。但報復威脅的關鍵不僅在於報復被覺察的可能性而且在於被預期的嚴厲程度。適用於顯示防禦者報復潛在挑戰者意圖的戰術有許多種。例如，道氏化學公司(Dow Chemical)多年來一直在需求增長著的金屬鎂產業增加生產能力，這標誌著它在為保護自己的佔有率所作的努力。如果道氏公司不斷限制自己的生產能力，可能已經把挑戰者引來了。

可預料的報復威脅可以利用一些戰術來增加，這類戰術顯示公司打算積極地保衛自己的地位、創造使公司的報復難以逃避的條件或者顯示公司擁有實施報復的資源。公司的行為不斷影響著潛在挑戰者覺察到的報復威脅。公司的歷史，特別是其對過去挑戰者的反應強烈地影響著公司在報復方面的聲譽。公司必須謹慎地利用自己在實際或潛在競爭者心目中的形象。增加公司可覺察報復威脅的某些最重要手段包括：

⑴顯示防禦意圖

如果公司始終如一地顯示其保護自己地位的意圖，那麼它就增加了可預料的報復威脅：

①由董事會宣佈保護在本產業中市場的意圖。

②發表共同聲明，聲稱某一經營單位對公司具有重要性。

③宣佈打算建立大於需求的足夠生產能力。

這樣的顯示可以而且應當通過現存的所有傳播管道不走樣地傳播。例如，通過公開聲明、貿易出版物、批發商和買主來傳播，以產生最大的防禦效果。

⑵顯示初始障礙

多數有效提高結構障礙的戰術都要求公司進行重要的投資。然而，有時公司可以借助顯示市場信號或局部投資取得同樣的效果。在市場上顯示有關計劃實施措施或局部投資的信號，目的在於增加公司未來的可預料報復。例如，公司可能宣佈或洩露有關新一代產品、商標戰或新加工技術的消息，以增加將要採取實際步驟的挑戰者覺察到的風險。這樣的市場信號顯示可以使挑戰者推遲未來的捲入，直到能獲得足夠信息來判斷信號是否可靠時為止。例如，IBM 就相當頻繁地宣佈新一代產品的進展。

⑶確立封鎖地位

通過在競爭者佔據的其他產業或其他國家保持防禦地位，公司可以為報復提供一根杠杆。

競爭者可能在某些經營單位獲得自己現金流或利潤的一個不成比例的大比率，如果公司在相應的領域處於封鎖地位，那麼這個地位就成了使公司的報復非常有效的基礎。

封鎖地位的價值建立在這樣一條規律上，即在公司有小比率的產業或國家裏採取削價或其他報復戰術比在公司的關鍵產

業裏採取這些措施代價低。封鎖地位比起直接報復來可能還是一種風險更小的報復形式，直接報復具有更強的無益升級和使報復效果洩漏從而損害好競爭者的傾向。

⑷競爭承諾

如果公司致力於較量，要求得到比競爭者開價更高的價格或其他條件（「我們的產品不能低價拋售」），那麼它就能提高對手對報復的預期。公司作出這種姿態往往打消挑戰者通過折價出售取得地位的企圖，當公司以公開方式一次或兩次支援自己的主張時尤其如此。當然，在挑戰者眼裏，公司必須是有能力支持這類主張的。

⑸提高退出或丟失比率的代價

增加公司保持其市場的經濟必要性（提高公司的收縮障礙）往往是顯示報復嚴厲程度的方便辦法：

①建立適當超前於需要的生產能力。

②簽訂固定量投入品的長期供貨合約。

③擴大縱向一體化。

④投資建造專用設備。

⑤公開那些將增加退出固定成本的合約關係。

⑥加強與特定公司其他經營單位的相互聯繫，這類公司顯示出要繼續對產業承擔整體上的合作義務。

增加丟掉比率或退出的代價無疑給公司帶來了風險，即公司可能不得不真地付出這樣的代價。因此，這種作法和其他許多有效的防禦戰術都為加強公司地位的持久性而提高了成本或風險。

⑹積累報復資源

如果公司在需要有效報復的地方有資源，那麼報復的威脅就增加。一些顯示報復能力的方法是：

①保持多餘現金儲備或流動性（「戰備金庫」）。

②擁有新型產品或新一代產品的儲備，雖然這些產品的存在已經被洩露出去。

⑺鼓勵好的競爭者

好競爭者是防禦挑戰者的第一道防線，因而它在許多產業中增加報復的威脅。好競爭者也可能使進攻轉到它自己那個方面。

⑻樹立榜樣

公司通過對可能並不是真正威脅的競爭者採取的行動以及對有威脅的挑戰者的反應來影響自己的形象。防禦的價值往往從針對無威脅挑戰者採取的措施中獲得，這種措施向真正的挑戰者顯示公司的反應是多麼嚴厲。對一個挑戰者的非常激烈的反應給其他挑戰者送去了信息。

⑼建立防禦聯盟

與其他公司結盟可以影響上面描述過的許多因素，因此可能增加報復的威脅。例如，聯盟可能提供單個公司自己沒有的封鎖地位或報復資源。

增加可覺察報復威脅的許多方法都迫使公司提高其風險水準。這些戰術的確是由於提高了公司的風險才對競爭者有重要意義。因此，如果公司希望以這種方式改善其地位的持久性，它就必須準備投資。

3.減少進攻的誘因

第三類防禦戰術是減少進攻誘因而並非增加進攻成本的行動。廣義地說，利潤是挑戰者向公司發起進攻的誘因。挑戰者預期成功會帶來的利潤是公司自己利潤目標的函數，也是潛在挑戰者對未來市場條件所持假設的函數。

⑴降低利潤目標

公司所賺利潤是公司地位吸引力的非常明顯的標誌。因此，任何防禦戰略的基本方面都是決定可持續的現期價格水準和利潤水準。許多公司由於貪婪而招致進攻。公司可以有意作出放棄現期利潤的選擇，從而減少進攻的誘因。這也許意味著要降低價格、增大折扣等等。結構性進入(或移動)障礙與報復威脅之間，以及這種障礙與公司利潤率之間必須保持平衡。如果公司利潤率很高，挑戰者會企圖越過同樣高的障礙，或者準備好與強烈的報復搏鬥。

例如，油田服務和藥品業歷史上的高利潤率吸引了許多公司為進入這些產業而大量投資，儘管這裏有高進入障礙和嚴陣以待的競爭者。具體地說，例如寶潔公司進入了藥品行業，而 TRW 則開始進入油田服務業。許多被高利潤吸引的進入者忽視了對進入成本的認真考慮，並且往往低估這些成本。類似地，週期性產業中暫時的高利潤經常被誤看成長期機會。因此，太貪婪的結果是當挑戰者侵蝕公司的地位時開始實施秘密或公開的收穫戰略。

⑵駕馭競爭者的假設

挑戰者對產業未來前景的假設可能導致它向公司進攻。例

如，如果挑戰者確信本產業擁有爆炸性的增長潛力，它們就可能向公司進攻而不顧障礙的高度。

如果公司不能可靠地使潛在競爭者放棄對產業的不真實假設，那麼，防禦戰略應當力圖使潛在挑戰者的假定相對真實一些。這方面的某些選擇包括：

①公開真實的內部增長預測。

②在公開討論會上討論對本產業事件的真實理解。

③贊助懷疑競爭者所持不真實假設的獨立研究。

防禦戰略可以在廣泛的意義上考慮，諸如影響競爭者假設，包括影響競爭者對報復和障礙高度的假設等等在內。影響競爭者對產業未來條件的假設是這一任務的重要組成部份。

(三)防禦戰略

明確的防禦戰略如果與增加公司競爭優勢的進攻戰略相結合就能提高公司所有競爭優勢的持久性。防禦戰略的設想通常是狙擊，即首先要防止挑戰者著手行動或使其進攻偏離到威脅較小的方向。防禦戰略的另一種類型是反應，即當進攻發生後，公司採取反對挑戰者的行動。反應旨在降低挑戰者對那些已實施步驟的期望。

1. 狙擊

狙擊的成本往往比在挑戰開始後投入戰鬥的成本低。然而，除非公司瞭解威脅的性質，否則，就不能阻止挑戰者。軍事戰略上的防禦格言是，如果在戰線四週的任何方向上防禦挑戰者利用任何武器發動的進攻，那麼就要付出非常高的代價。

同樣的原則可以應用到競爭戰略上。公司必須決定那些競爭者和潛在競爭者是最危險的，它們可能採取那種行為方式。防禦戰術只有據此安排才是合適的。方案規劃可以成為檢驗那些可能性的有用方法。

狙擊的重要步驟可以概括如下：

⑴全面瞭解現有障礙

公司必須清楚瞭解當前有什麼樣的進入和移動障礙、它們形成的特殊原因以及它們可能怎樣變化。公司是否受到規模經濟保護？這些保護來自那些價值鏈？接近銷售管道困難嗎？這種困難怎麼形成的？那些是導致別具一格的價值活動？造成公司成本地位和產品別具一格的那些因素怎樣才能持久不衰？

現存障礙高度決定了公司受威脅的程度。例如，如果障礙下落，公司為了保護利潤率就必須重建障礙或用別的障礙取而代之。特殊障礙的存在還會決定挑戰者採用的戰略類型，而這類戰略恰好落在防禦戰略可能最有效的範圍裏。

例如，被高銷售管道入口障礙保護的公司更可能碰到企圖創造新銷售管道的競爭者而不是侵犯現有管道的競爭者。相反，沒有規模或其他持久成本障礙的公司容易受到小的、總開銷低的競爭者攻擊，這類競爭者滿意於公司的投資收益水準也很低。挑戰者總是試圖尋找繞過現存障礙的辦法或使現存障礙無效的辦法。公司必須對每一障礙的特殊成因有精確的知識，如果它想有效利用這些障礙的話。

例如，在住宅覆蓋品行業中，公司必須認識到由於高運輸成本、生產和銷售能力利用的經濟性以及產品地區差別等因素

的綜合影響，該行業的規模經濟基本上由地區規模決定。如果覆蓋品公司只把該行業的障礙歸因於規模而不瞭解其規模障礙的特殊原因，那麼它就可能確立錯誤的防禦戰略。

⑵預見可能的挑戰者

公司必須對最可能的挑戰者有所預料，無論它們是潛在的進入者還是想改變自己地位的競爭者。瞭解誰是可能的挑戰者對防禦投資的集中和投向至關重要。障礙的高度和報復的影響也只是相對於可能的挑戰者而言，並不是絕對的。例如，在車用油行業中，卡斯爾、奎克公司和其競爭者面對的潛在進入者是那些石油巨頭，考慮到這些巨頭擁有的資源、資本、規模之類的障礙的重要性就小多了，而更重要的是一旦有了自主權，這些可能的進入者就會真地進入。

在預見可能的挑戰者時，有三個問題要回答：

①那個現有競爭者不滿？最可能的挑戰者是對自己當前地位不滿的現有競爭者。始終沒有達到自己目標的競爭者容易有改變自己地位的企圖。對競爭者假設、戰略和生產能力的評價應當能說明該競爭者是否可能以威脅公司的方式改變自己的地位。好競爭者造成的改變地位威脅不如壞競爭者那樣嚴重。競爭者被另一個公司兼併往往會改變該競爭者的目標並可能創造未來的挑戰者。例如，在啤酒行業中，菲力浦米勒兼併米勒是安休斯‧布希進行侵略性挑戰的前兆。

②誰是最可能的潛在進入者？確定現有競爭者中誰最可能想改變自己地位並非易事，預見誰是可能的潛在進入者往往更困難。識別潛在進入者的一種方法是把那些進入本產業只表示

其現有業務合理延伸的公司挑出來。最常見的潛在進入者可能屬於下列類型：

·地處其他地區的區域性競爭者。

·目前尚未在某國營業的外國公司。

·把本產業當作後向或前向一體化目標的公司。

·進入本產業可以使其獲得有形連鎖影響、無形連鎖影響或為其創造封鎖地位的公司。

區域性公司經常進入其他地區或走向全國。這已經成了食品行業近來流行的戰略。像聯合食品公司和黑恩斯公司這樣的主要食品公司已經兼併了一些地方性公司以便使它們走向全國。對全球化的產業來說，外國公司進入國內也是常有的事——總部在英國的布思公司在美國抗關節炎藥品市場上進攻厄普約翰就是一個當代的例子。

在商業活動中有許多產生有形連鎖影響的形式，它們意味著進入某一產業是多樣化的途徑。應當追蹤導致進入產業的潛在連鎖影響，以識別合乎邏輯的進入者。例如，進入影印機行業是柯達化學和光學專長的合乎邏輯的延伸，也是松下公司辦公自動化戰略的合乎邏輯的結果。

識別潛在進入者的主要挑戰是要避免落入經驗主義的陷阱。許多公司忽視外國公司或多樣化經營者這類厲害的潛在競爭者，注意力過分集中在地區性公司或派生公司之類新競爭者的傳統來源上。另外，隨著產業的演變，最可能的潛在進入者的名單也會變動。

③有替代競爭者嗎？在某些產業中。替代者可能是最危險

的競爭者，並因此而有理由成爲防禦戰略正確的焦點。

⑶預測可能的進攻路線

　　推導狙擊戰略的第三步是預測可能的進攻路線。公司必須確定向自己地位發動進攻的最好路線，以便把自己的防禦投資集中在最易受到打擊的地方。每一組管理人員都應當自問：「如果我是競爭者，就我所知的而言，我將怎樣向公司發動進攻？」可能的進攻路線是現在進入或移動障礙的函數，也是這些障礙如何變化的函數。例如，在芥末行業中，格瑞波旁公司已經戲劇性地增加了廣告費用，並用別具一格的戰略進攻法國的同行。由於法國公司擁有與規模有關的優勢，所以這種作法比正面交鋒的價格戰合理得多。同樣的邏輯或許還表明，由於 SCM 公司現有銷售管道和商標信譽的原因，該公司的可攜式打字機易於受到兄弟公司(Brother)產品的打擊，兄弟公司的打字機擁有專用商標並與新的電子技術相結合。美國農用設備公司的小拖拉機比大拖拉機更易受到攻擊，因爲該公司的美國基地使它們的大拖機比日本公司有更大的銷量優勢。

　　可能的進攻路線還將反映可能挑戰者的假設、戰略和生產能力。米勒啤酒公司強調強大的廣告和啤酒行業的市場分化，考慮到其無形連鎖的影響涉及它的母公司菲力浦米勒，這種作法就不足爲怪了。考慮到德克薩斯儀器，公司在半導體行業的一貫姿態，該公司對個人電腦打腫臉充胖子式的削價也同樣是可以預料的。兼併第二流的競爭者是潛在進入者向公司挑戰的常見方式，因此，這種可能性應當總能想到。例如，在卡車行業中，戴姆勒本茲兼併了福雷特萊諾(在該行業中居第六位)，

沃勒沃兼併了白馬達公司的卡車業務(第七位),而雷努特與麥克結成了聯盟。

⑷選擇封鎖可能進攻路線的防禦戰略

有效的狙擊要求公司封鎖挑戰者可能的進攻路線。這就需要選擇提高結構障礙或增加可預期報復的防禦戰術,這種戰術應是防禦戰術中成本效益最佳的。

防禦戰術的優化組合因公司而異,並且必須滿足前面概述過的標準。例如,如果公司最易於受到專用商標的進攻,那麼,它可能不得不向某種專用商標產品投資並顯示自己進行價格競爭的意志。此外,防禦戰術的選擇必須指向最可能的挑戰者。尤其重要的是防禦戰術應當反映可能挑戰者的實際目標,因此,必須注意挑戰者的目標。

⑸塑造公司作為頑強防守者的形象

除了投資防禦以外,公司必須明白無誤地傳播自己的防禦意圖。公司要連續不斷地發出自己將進行防守的信號並要謹慎地把自己塑造成自己希望的形象。在市場上的每一個公開聲明和行動都要估量,以確定它們將發生的信號。理想的情況是公司能獲得普羅科特和甘布勒公司那樣的形象。對幾乎隨便那一組經理(無論是消費品的,還是非消費品的)進行民意測驗都會顯示壓倒一切的看法,即公司對自己在業務範圍內的比率負有完全的防禦責任。該公司具有這一形象並非偶然,而是它在很長時期裏聲明和行動的結果。

⑹確立現實的利潤預期值

除非公司有現實的利潤預期值,否則防禦戰略就不會有

效。公司的利潤預期值必須反映它擁有的障礙和可以通過防禦
投資創造的障礙。通常，減少今天的利潤率將使公司在未來賺
取優厚的利潤。

2.反應

如果狙擊失敗，公司必須決定進攻開始後怎樣反擊挑戰
者。狙擊不能也不應當試圖把進攻的機會減少到零。這樣做通
常代價太高而且很少能預見到所有可能的挑戰。因此，對進攻
作出有效且及時的反應是防禦戰略的重要組成部份。

有效的反應以改變挑戰者的期望為基礎。我描述過的整個
防禦戰術武器庫都可以用來協助實現這一目的，與特定挑戰者
的目標、假設和能力較量。例如，通用食品公司的麥氏咖啡商
標已經建立了對寶潔公司的牢固、有效的防禦，這無疑使後者
重新考慮它在咖啡行業中的目標。為了保持地位和證明自己的
承諾，通用食品公司已經採用了攻擊性定價、廣告和商標戰等
措施。積極的防禦使後者確信它經營咖啡的投資賺不到多少利
潤。許多重要的原則應當用來指導反應：

⑴盡可能早地以某種方式作出反應

公司必須盡可能早地以某種方式對進攻作出反應，因為隨
著早期目標的實現和遞增地進行投資，挑戰者的退出障礙和所
承擔的義務將提高。儘管公司往往沒處在能立刻對進攻做出完
滿反擊的地位，但立即作出某種反應對抑制挑戰者的期望仍然
是重要的。即便只是勉強採取了增加廣告之類的行動，這種行
動對防止競爭者實現初始目標、防止競爭者得到增加資本投入
和提高目標所必需的信心來說仍可能是必不可少的。

(2)儘早發現實際步驟而投資

如果公司有在進入或改變地位過程早期作出反應的優勢，那麼它就可以在儘早查明挑戰者實際步驟方面獲得持久優勢。這種優勢可以借助這樣一些活動來加強：

①有規律地與原材料供應者、設備供應者和工程公司接觸，以瞭解它們的定貨或興趣。

②密切接觸廣告媒介以查明廣告空間的購買情況。

③監視貿易展覽的出席人數。

④有規律地與產業中最危險的買主接觸，該買主可能首先被新競爭者接近，或者最容易去尋找其他貨源。

⑤監視技術會議、學校和其他可能徵招技術人員的地方。

(3)反應以挑戰者進攻的理由為基礎

公司必須試圖瞭解挑戰者為什麼進攻，它的目標是什麼，並且它所採用的長期戰略是什麼。對出於絕望的進攻和由母公司對經營單位施加增長壓力造成的進攻應有不同的反應。對挑戰者的目標和時間表也必須作出評價，因為好的反應要求破壞並最終改變這些目標和時間表。好的反應還應當分析怎樣使挑戰者的一個步驟有可能適應一個更長期的戰略。

(4)使挑戰者轉向並努力制止它們

反應的部份目的即便不是制止挑戰者的行動也是要使這些行動威脅更小。使挑戰者的戰略集中在特定目標上或重新確定目標要比讓它取消某個目標更容易。公司必須找到使挑戰者以威脅更小的方式實現或部份實現目標的辦法，並相應地作出反應。

⑸**對每個挑戰者作出足夠嚴厲的反應**

不存在可以對挑戰置之不理的情況。必須分析每一個挑戰者的動機和能力。即便是弱小的挑戰者也有破壞產業結構或傷害好競爭者的潛力。此外，對威脅較小的挑戰者作出反應可以向更有威脅的挑戰者發出信號。但公司必須同時避免對挑戰者反擊過度的傾向。反應是要付出代價的，因此必須針對真實的而不是想像的威脅。

⑹**把反應當作一種獲得地位的方法**

反應往往可以被用來獲得地位而不僅僅是制止競爭者。強大競爭者之間的戰鬥往往給弱小競爭者帶來比強大競爭者彼此傷害更大的傷害，正像在軟飲料和啤酒行業中發生過的情況那樣。此外，競爭者在一局部市場上發動進攻可能暴露它在另一局部市場上的脆弱，而這一弱點恰恰是可以利用的。

3.**對削價的反應**

削價屬於反擊進攻的最困難方式，因為它在增加價格不可逆螺旋下降的可能性和風險方面能迅速產生效果。因此，在對削價作出反應時，公司必須特別小心：

⑴**競爭者削價的理由**

競爭者可能不必要地削價以增加短期現金收入或把它作為增加比率長期運動的一部份。削價還可能是由於不瞭解自己的成本並且認為要得到公平收益就得在定價上做文章。然而，更糟的情況是競爭者的削價可能由於它明顯地享有更低成本。對削價的正確反應差別很大，它依賴於削價的理由。因此，必須盡可能迅速、準確地診斷出削價的理由。

⑵戰鬥慾望

競爭者削價往往依據這樣的假設，即公司不會作攻擊性的反抗，只會出於保護利潤的願望維持價格保護傘。因此，如果想把削價限制在一定範圍內，早期的積極反應總是必不可少的。反應不必總是相應的削價，但必須與趕走削價者的目的有關。此時，公司必相信有多種動機的削價者對這些非削價反擊不會麻木不仁。

⑶局部反應

對削價的反應通常可以而且應當局限於特別易受攻擊的買主或差別最低的產品種類，不應當採取整體的行動。使反應局部化可以降低反應的成本。

⑷交叉防守

如果公司立即進攻削價者關鍵買主或關鍵產品系列（用價格或其他措施），那麼，削價可能受到限制或消除。類似地，如果採用封鎖其他產業地位的辦法作為反應，有時也能制止削價。這裏的原則是向削價者證明它挑起價格戰得不償失。

⑸以其他方式削價

為了對削價者作出反應，有時可以通過提供免費服務、折價供應輔助設備或其他方式有效地降低價格，而這些間接方式與削價本身相比是更容易取消的。間接削價還可以更靈活地局部化，並且更不易受到競爭者的競爭。失敗的間接削價（打折扣或其他折價方式）可能比降低目錄價格更容易在以後取消。

⑹創造或利用「特殊」產品

商標戰或散裝品戰（例如，無免費維修）有時比對基本產品

系列降價更能有效地實現削價。

這種做法向買主提供了低價的特定產品，可又提醒買主公司正常提供的產品要比這些產品好。

心得欄 --------------------------------

第 七 章

通用的競爭戰略

競爭戰略的一個中心問題是企業在其產業中的相對地位。地位決定了企業的盈利能力是高於還是低於產業中的平均水準。一個地位選擇得當的企業即使在產業結構不利、產業的平均盈利能力水準不高的情況下,也可以獲得較高的收益率。

要長期維持高於平均水準的經濟效益,其根本基礎就是持之以恆的競爭優勢。雖然一個企業與其競爭廠商相比可能有無數個長處和弱點,但它仍可以擁有兩種基本的競爭優勢,即低成本或別具一格。一個企業擁有的一切長處或弱點的重要性,最終是它對相對成本或產品的特點產生影響的一個函數。成本優勢和別具一格轉而又來源於產業結構,它們是由一個企業比其競爭對手更擅長於應付五種競爭力量的能力所決定的。

兩種基本的戰略優勢與企業謀求獲得優勢的活動範圍相結合,就使我們得出了為在產業中取得高於平均水準的經濟效益的三種通用戰略:成本領先、別具一格和集中一點。集中一點

的戰略具有兩種形式，即成本集中和別具一格集中。

圖 7-1　三種通用戰略

競爭優勢

		降低成本	別具一格
競爭範圍	廣泛目標	1.成本領先	2.別具一格
	狹窄目標	3.A 成本集中	4.B 別具一格集中

　　將所追求的競爭優勢的形式的選擇和要取得的競爭優勢的戰略目標的範圍結合起來，則每種通用戰略都包含著通向競爭優勢的一條迥然不同的途徑。成本領先和別具一格的戰略是在廣泛的產業部門範圍內謀求競爭優勢，而集中一點的戰略則著眼於在狹窄的範圍內取得成本優勢（成本集中）或別具一格（別具一格集中）。實施每種通用戰略要求採取的具體措施在各產業之間大不相同，正像每個特定產業切實可行的通用戰略互不相同一樣。然而，儘管選擇和實施一種通用戰略並非輕而易舉，它們卻是任何產業都必須深入探索的通往競爭優勢的必由之路。

　　通用戰略思想的基本觀念是，競爭優勢是一切戰略的核心。一個企業要獲得競爭優勢就需要作出抉擇，即如果一個企業要獲取競爭優勢，它必須就爭取那一種競爭優勢和在什麼範圍內爭取優勢的問題作出選擇。「萬事都要領先，事事都要每個人滿意」的想法只會造成戰略上的平庸和經濟效益的低下，因為這往往意味著一個企業根本沒有競爭優勢。

　　成功地貫徹這類戰略需要不同的財力和技能。這些一般性

戰略也包含著不同的組織措施、控制程序、和發明創造制度。
結果，持久地把其中一種戰略信奉爲基本目標往往是爲取得成
功所必需的。在這些領域內通用戰略的某些共同含義如表 7-1：

表 7-1

通用的戰略	一般所需的技能和財力	一般的組織要求
成本領先	持續的資本投入和取得資本的途徑； 加工技術技能； 認真的勞工監督； 設計容易製造的產品； 低成本分配系統	嚴格的成本控制； 經常而又詳盡的控制報告； 結構嚴密的組織和責任； 以滿足嚴格的定量目標爲基礎的刺激
別具一格	強有力的市場行銷能力； 產品技術設計； 創造性的眼光； 強有力的基礎研究能力； 公司在品質或技術領導方面的聲譽； 行業內的長期傳統或吸收其他企業技能的獨特組合方式； 來自分配管道的強有力的合作	在研究與發展、產品開發和市場行銷功能方面強有力的協調； 用主觀衡量和刺激替代定量化的衡量； 吸引高技能勞動力、科學家或有創造能力的人材的舒適環境
集中一點	針對特定戰略目標的上述政策的結合	針對特定戰略目標的上述政策的結合

一、成本領先的戰略

　　競爭戰略的一個中心問題是競爭優勢問題。雖然一個企業
與競爭對手相比可能有無數個長處或短處，但可以歸結爲兩個

基本點，即成本優勢或經營特色。把這兩種優勢與企業競爭範圍結合起來，就可以有三種通用的基本戰略：成本領先戰略、特色經營戰略、集中一點戰略。

成本領先戰略，通俗地講就是低成本戰略，其戰略主題是：企業通過一系列降低成本的努力，使成本低於競爭對手，在產業中贏得總成本領先。當然，這裏必須強調，低的成本不等於低的品質，低的成本不能來自於偷工減料；低的成本也不等於較少的功能，低的成本不能來自於減少產品的功能。只有品質相同，功能相同的產品，成本才可以比較。

如果一個企業能夠取得並保持全面的成本領先地位，那麼它就可以獲得高於產業平均水準的收益。低成本可以使企業在競爭對手失去利潤時仍然可以獲取一定的利潤，從而在強大的競爭對手的壓力下保護自己；低成本還可以使企業在買方把產品價格壓到最低限度，即壓到效率排名居於第二位的競爭對手的水準時，仍然有利可圖，從而在強大的買方威脅中保衛自己；低成本在對付賣方產品漲價中具有較高的靈活性，因而有利於防衛供方威脅；低成本還使企業與替代品競爭時所處的地位比同產業中的其他競爭者有利。這樣，低成本可以在全部五類競爭作用力的威脅中保護企業。

獲取低成本優勢的途徑很多。比如有的企業因為掌握了一種特殊的專利或生產技術，使其生產過程比別人短而節省了成本；有的企業因為管理制度優良，控制嚴格，最大限度地減少了開發、服務、推銷等多環節的費用而節省了成本；有的企業因為採用先進的生產設備而節省了大量的人力成本而使總成本

降低；有的企業因爲自己投資興建原材料工廠而節省了原材料成本；還有的企業採取擴大生產規模、降低固定成本而實現產業的規模經濟辦法來降低成本……

從價值鏈分析的角度看，成本領先戰略主要採取以下改變價值鏈的活動來實現：

①改變產品，以消除多餘的部份；

②改變製造過程，使得流程變得更爲有效；

③在高成本—勞動密集型的活動中實現自動化；

④尋找便宜的原材料；

⑤採用本行業通行的廣告和促銷方式；

⑥採用自己的銷售力量以取代經銷商或分銷商；

⑦將生產設施遷移至靠近供應商或消費者的地方，以降低運輸成本；

⑧進行前向或後向的一體化，以減少其他公司的利潤邊際。

企業在對待成本領先戰略時，要特別注意避免犯一些常見的錯誤。比如，企業爲了贏得總成本最低，往往要求每個部門、每個環節都以同樣比例降低成本。而事實上，在企業中，有的部門增加投入反而會引起總成本的下降。一個企業要贏得總成本最低，通常要求有較高的購買先進設備的前期投資、激進的定價和承受初始虧損的能力，以攫取較高的市場。高市場比率又可進而引起採購成本的節約。因而較大的前期投資恰恰成了總成本降低的先決條件。

贏得成本領先地位的企業，要注意不能忽視產品差異性。如果企業在降低成本時抹殺了產品別具一格的特性，就會損害

其與眾不同的形象。一旦產品形象被破壞甚至不被客戶看作是與其他企業的產品不相上下時，它就不得不削減價格來增加銷售額。因此，降低成本的努力，應主要側重在對企業產品的差異化不會造成不利影響的方面。

降低成本不能只重視幾個重要環節，而要全方位地關注企業活動的整個價值鏈。有的企業，一提到降低成本，就自然而然地想到生產，注意力集中在生產活動的成本上，往往忽視對在總成本中佔居舉足輕重地位的市場行銷、服務、技術開發和基礎設施等活動的成本分析。有的企業往往在降低勞力成本上斤斤計較，而對外購投入的成本卻幾乎全然不顧，總是把採購看成是一種次要的輔助職能，讓那些對降低成本既無專門知識又無積極性的人去做採購，即使注意到採購成本也常常只把注意力集中在關鍵原材料的買價上。有的企業只關注規模大的成本活動，而忽視間接性的或規模小的活動，如維修費用、常規性的開支等。此外，降低成本不僅要在現有的價值鏈上爭取增值，而且要努力尋求重新配置價值鏈的途徑，通過重新配置更加合理的價值鏈來降低成本。

企業應準確地分析和判斷成本驅動因素，因為成本驅動因素有時是背道而馳的。如果不能準確判斷，不能在各種因素中權衡取捨，很可能會採取一些相互矛盾的方式。比如，企業可能試圖增加市場佔有率，從而通過規模經濟來獲益，但同時又採取了產品多樣化戰略；企業可能為了節省運輸費用，而將工廠建在靠近客戶的地方，但同時又為了減輕產品重量，而投鉅資開發輕型新產品；企業可能對一大類產品中的某些產品或對

某些客戶定價過高，而對其他產品或客戶卻進行價格補貼。

　　成本領先戰略要求企業必須成爲成本領先者，而不只是爭奪這個位置的若干企業中的一員。因爲，當渴望成爲成本領先者的企業不只是一家時，競爭通常是十分激烈的，甚至市場佔有率的每一個百分點都會被認爲是至關重要的。成本不會自動下降，也不會偶然下降，需要企業年復一年、日復一日地持之以恆地重視成本工作。當然，採取成本領先戰略，對於企業來說也並非毫無風險。例如，技術變革或技術上的突破，可能會使得企業原先爲保持低成本所進行的投資、積累的經驗和效率優勢喪失殆盡；用戶偏好如果轉向對非價格因素以及產品特色的關注，就可能會使價格競爭、成本競爭顯得不太重要等等。

　　成本領先戰略在以下情況下特別適用：企業產品的市場需求具有價格彈性；行業中所有企業都生產一種本質上是標準化的通用產品，很難進行特色經營，很難使不同企業的產品之間具有差異；大多數買主均以基本相同的方式使用產品；買主從一個賣主向另一賣主的轉換，成本很低。

　　業內人士用「奇蹟」兩個字來表達他們對位於廣東東莞麻湧鎮的中成化工成長歷史的驚歎。

　　中成化工自 1993 年 4 月開始建設，今年 4 月迎來建廠五週年紀念日。經過 5 年創業，中成保險粉佔領了國內 70%、國際 25% 的市場，成長為全球最大的保險粉生產和出口企業。1997 年底，該企業每年 6.5 萬噸的保險粉生產規模。

　　保險粉是一種強還原劑，主要用於紡織印染工業和紙漿、高嶺土、蔗糖、食品漂白，在全球有 50 年應用史。中成投產之

前，世界保險粉的年需求量和年生產量都在 40 萬噸左右，基本
平衡。而中成卻從飽和的市場中看到了商機：40 萬噸中有 25%
即 10 萬噸來自於傳統的鋅粉法，高成本、高能耗、高污染。如
果代之以先進的甲酸鈉法，則可消除負面影響，置換出一部份
市場。

　　於是，依靠世界一流的保險粉專家集團和不斷創新的甲酸
鈉法技術，中成從世界同業的賽跑隊伍中脫穎而出，絕塵而去。
按總投資計算，臺灣一家年產 7000 噸的甲酸鈉法保險粉廠投資
1500 萬美元，每噸投資 2143 美元，中成 1996 年產 55000 噸保
險粉，總投資只有 1700 萬美元，折合每噸只有 309 美元，二者
相差 7 倍之多。據測算，其中至少有 40%是技術含量之差。

　　這種技術差，使中成所向披靡。目前，世界保險粉產量已
經很大，但仍有很大市場空間。首先，世界上還有用傳統法生
產保險粉的企業會逐步淘汰；其次，隨著環保立法的加強，世
界上每年回收廢紙量已達 1 億噸，其中需要漂白的 10%即 1000
萬噸將給保險粉帶來 10 萬噸的擴展空間。中成不會放棄這一潛
在市場。據透露，中成將用 3～5 年的時間，逐步兼併國內剩餘
的兩家企業，然後組建保險粉集團，屆時其在世界各國保險粉
出口總量中可佔 50%以上的佔有率。

　　一份中成公司發展戰略的文件，或者有助於我們理解中成
奇蹟：不追求超常規發展，只求持續均衡發展；不追求企業資
產大，只求效益好、利潤高；項目不盲目追求高新，重在創造
優勢；把有限的資源集中在自己最優勢的領域，不輕易進入自
己不熟悉的領域，慎重地逐步實行多元化，條件不成熟，不盲

目擴張；不做有可能削弱自身優勢的資產重組；在發展中，將主要不依賴外部貸款和投資，每年拿出企業折舊和部份利潤，在這個資源許可的範圍中發展，使資產負債率不高於 50%。

二、特色經營的戰略

特色經營戰略，也稱差異化戰略，其戰略主題是：通過公司形象、產品特性、客戶服務、技術特點、經銷網路等形式，努力形成一些在全產業範圍內都具有特色的東西，使用戶建立起品牌偏好與忠誠。

如果一個企業實現了特色經營戰略，就能贏得超常收益。因為，特色經營戰略可以利用客戶對品牌的忠誠而有效地避開價格方面的競爭；可以使競爭對手為了克服客戶的忠誠性而付出更多的代價，從而形成進入障礙；企業或產品的特色使客戶選擇餘地變得很小，其對價格的敏感性也就不高，買方壓力變小；此外，在面對供方壓力、替代品威脅時，擁有特色的企業或產品往往也比其他競爭對手更為有利。

獲取經營特色優勢的途徑很多。企業價值鏈中的任一活動都為特色經營戰略發揮作用。原材料採購能夠影響最終產品的性能；技術開發活動能夠使產品具有獨特性能；生產作業活動會影響產品的外觀、規格及可靠性等方面；外部後勤系統可以決定發貨的速度和穩定性。

企業也可以通過擴大其活動或經營範圍的廣度來實現特色經營。比如，美國花旗銀行因為能向客戶提供一系列的金融產

品和全方位的服務，使之在金融服務的廣泛性方面獨樹一幟，從而加強了其在金融界的良好聲譽。除了設計系列產品以外，企業還可以通過在用戶可能採購東西的地方設零售點或服務點，增加就近滿足用戶需求的能力；通過使更多產品的零件和設計原理具有通用性，產品之間具有良好的互換性，從而方便維護。

企業可以通過改善下游公司來塑造企業或產品的特色。例如，可口可樂公司和百事可樂公司都花費很大精力和財力改造制瓶廠，從而在飲料的包裝上形成了特色。

企業常常在銷售管道上選擇一些別具一格的方式，增強了信譽和服務。比如，華爲公司在 1994 年就與銀行聯手，獨家採用買方信貸方式，向用戶提供資金支援，有力地促進了產品行銷。

另外，企業在實施特色經營戰略時還必須重視成本，因爲創造經營特色，就一定會經常發生費用。例如，向用戶提供超級工程設計支援活動，就需要增加工程師；向用戶提供良好的推銷活動，就需要費用更高的、訓練有素的推銷隊伍；向用戶提供壽命更長的產品，一般需要更多、更昂貴的原材料。如果企業因特色經營產生的溢價被其相應的成本費用所抵消，那麼特色經營也就沒有實際意義、不能帶來效益了。因此，企業在實施特色經營戰略時，不能忽視自己的成本地位，要做到既能使企業或產品與眾不同，又能降低成本。理想的經營特色和低成本的組合在市場競爭中將是不可擊敗的。

實施特色經營戰略的關鍵，是解決好產品特色的實際價值

與顧客的感知價值的關係以及價值信息的有效傳遞等問題。通常而言，極少有顧客會樂於爲自己未感知的價值支付費用，因此，當顧客憑藉自己的知識和經驗不能全部接受產品的特色狀況時，產品特色的實際價值與顧客的感知價值就會有所不同。在這種情況下，企業就必須運用各種方式將產品特色的實際價值有效地傳遞給顧客。特別是在產品特色帶有強烈的主觀性、顧客的市場經驗較少甚至是第一次購買時，有效傳遞價值信息的重要性並不亞於產品特色本身的實際價值。價值信息傳遞的方式有很多，例如，銷售人員的口頭介紹，誘人的包裝，專門介紹產品使用方法的小冊子，不同產品價格和品質的比較等等。

　　當然，企業不能爲特色而特色，做一些標新立異的毫無意義的活動。因爲，如果不能按用戶意圖使成本降低或買方價值提高，那麼這種標新立異就可能成爲用戶並不需要的產品特性，形成產品功能過剩，售價提高。因此，企業應該多從如何提高買方價值的角度考慮特色，做到特色經營活動能與買方價值鏈相關，避免發生一些不必要的、無意義的出格行爲。

　　特色經營戰略的有效運用取決於多種因素，但在下列情況下一般是適用的：行業記憶體在許多可使產品或服務出現差異的方法，企業有可能通過多種途徑建立用戶所希望的產品或服務特色；用戶對產品或服務的需要與用途具有多樣性，或者會經常發生變化；企業能夠較迅速地實施這一戰略，或者競爭者進行追隨模仿需付出高昂代價；行業中還只有爲數不多的企業採取這種戰略。

美國最富有的家族，既不是洛克菲勒，也不是杜邦，而是住在南部阿肯色州一個小鎮上的薩姆·沃爾頓。1988年，他的家庭財產已達 68 億美元。他的沃爾瑪市場(War-Mart)，在美國零售業中排名第三，銷售額增長率已居第一。

1940年，薩姆·沃爾頓在密蘇裏大學畢業後，曾任百貨公司見習生。以後，他開設了以自己名字命名的 5 分和 1 角商店，這樣的小店，很快增加到了 9 家。1962年，第一家沃爾瑪市場開設。這家設立在小鎮上的廉價商店，以和藹可親的服務態度，價廉質優的商品來吸引顧客，果然大受歡迎。到 60 年代末，已經在阿肯色等州發展到 33 家。80 年代以來，沃爾瑪市場每年增加 100 多家新店，銷售額直線上升，1989年銷售額達到 259.21 億美元，薩姆·沃爾頓的家庭財產也已達 90 億美元。這一切，靠的是特色經營之道。沃爾頓的建店原則是開設在美國內陸各州 5000～25000 人口的小鎮上，以避開同大零售商的競爭，不過最近幾年沃爾瑪市場已開始進入大中城市。

沃爾瑪市場比一般的超級市場面積略大一些，每家平均約佔地 45000 平方尺，經營的商品品種齊全，從服飾、布匹、藥品、玩具、各種生活用品、家用電器、珠寶化妝品，到汽車配件、小型遊艇等等，一應俱全，舉凡一個家庭所需要的物品在這裏都能買到，又稱「家庭一次購買」。

初到美國的人逛超級市場往往摸不清所需要的東西究竟放在那裏，而沃爾瑪市場的標誌卻很清楚，商品陳列乾淨俐落，使你在這樣龐大的空間裏不會迷路。

每一家沃爾瑪市場都貼有「天天廉價」和「我們所做的一

切，都是為您省錢！」的大標語。仔細比較一下，同樣牌子的商品，在這家店就是便宜。買兩支牙膏，在別的超級市場價格是每支 1.99 美元，而這裏只要 1.36 美元。如果你成為沃爾瑪批發俱樂部的會員顧客，那麼你就可以按更低的價格購買較大數量的商品。

商品的品質是無可非議的，顧客對在沃爾瑪市場所購的任何物品覺得不滿意，均可在一個月內拿回商店退回全部貨款，沃爾瑪正式公開承諾「保證滿意。」

服務態度也屬上乘，每個售貨員進店的第一天就要舉手宣誓，保證顧客在走到離售貨員 10 英尺時，就要上前打招呼，笑臉相迎。付款結賬的速度很快，顧客不須久等。沃爾瑪市場有條著名的服務原則就是：第一條，顧客永遠是對的；第二條，如有疑義，請參照第一條。

要做到同一種商品的售價比其他商店便宜，只能在壓低進貨價格和降低經營成本上下功夫。沃爾瑪市場直接從工廠進貨。據說討價還價是十分艱苦的。沃爾瑪公司的採購員想盡辦法把價格壓低成交。公司有嚴明的紀律，禁止推銷商送禮或請採購員吃飯。商品成交後，總部就通知廠商把貨物直接發送到沃爾瑪市場的發貨中心。

發貨系統和存貨管理是沃爾瑪市場取得成功的關鍵。公司總部有一台高速電腦，同每一個發貨中心及商店連接。通過商店付款櫃檯鐳射掃瞄器售出的每一件貨物，都會自動記入電腦。當某一貨品庫存減少到一定數量時就會發出信號，使商店及時向總部要求進貨。總部安排貨源後送往離商店最近的一個

發貨中心。再由發貨中心的電腦安排發送時間和路線。在商店發出訂單後 36 小時內所需的貨品就會出現在倉庫的貨架上。這種高效率的存貨管理，使公司既能迅速掌握銷售情況和市場需求的趨勢，又能及時補充庫存之不足；既不積壓存貨，又不使商品斷檔，加速了資金的週轉。

每星期五、六上午舉行經理人員會議，研究庫存、價格情況。如果有商店報告某一商品在其他商店標價低於沃爾瑪市場，會議可立即決定降價。

公司規定對下屬一律稱「同事」而不稱僱員。沃爾頓提出：「你關心你的同事，他們就會關心你。」職工從進入公司的第一天起，就受到愛公司如家的薰陶。從部門的經理，到一般的售貨員，都要關心公司的經營情況。公司還鼓勵員工積極參與公司的管理和決策。公司還發起「給總經理寫信」運動。公司很重視對職工的培養和教育。在總部和各級商店開設各種類別的培訓班，利用晚間上課。公司還設有沃爾頓學院，培養高級管理人員。

三、集中一點的戰略

集中一點戰略，又稱專門化戰略，集中一點戰略不是以整個產業為範圍來謀求全面競爭優勢的，而是把精力集中在主攻某個特定的顧客群或某產品系列中的一個細分市場或某一區域的市場，專心致志地做別人做不來或不肯做的事業，並取得優勢。

　　集中一點戰略有兩種不同形式：企業著眼於在其目標市場上取得成本優勢的叫成本集中；而著眼於在其目標市場上取得經營特色的叫經營特色集中。如果集中一點戰略的企業能在其特定市場上取得成本領先地位或經營特色，那麼，在這部份市場上由於客戶的其他選擇不多，比較容易接受企業開出的價格和條件，因此，企業就可以擁有接近於獨佔的收益，成為所在產業的某一特殊領域的佼佼者。

　　集中一點戰略的兩種形式，都是以企業在同一產業中的目標市場和其他市場的差異為基礎的。目標市場上必須擁有非同尋常需求的顧客，或者為目標市場提供最佳服務的生產和交貨系統必須與產業中其他部份市場的情況有所不同。由於存在著這種差異，廣設目標的競爭對手可能在滿足一個部份市場的需求方面承擔著高於必需的成本費用，這就使僅為滿足這個部份市場需求的成本集中戰略有機可乘了；廣設目標的競爭對手也可能在滿足某個特定市場的需求方面表現不力，難以提供優質服務，這就為經營特色集中戰略打開了門路。可以說，成本集中是從某些部份市場上成本行為的差異中獲取利潤，經營特色集中則是從特定的部份市場中顧客的特殊需求裏獲取利潤。

　　如果採取集中一點戰略的企業，其目標市場和其他部份市場並不存在任何差異，那麼集中一點戰略就無法成功。例如，在軟飲料業，皇冠公司(Royal Crown)專做可樂飲料，而可口可樂和百事可樂公司生產多種味道的飲料，產品種類繁多。可口可樂公司和百事可樂公司也可以在為其他部份市場服務的同時，很好地服務於皇冠公司所經營的部份市場。這樣，可口可

樂公司和百事可樂公司因其擁有多種產品的經濟性而在可樂飲料市場上享有勝過皇冠公司的競爭優勢。因此，如何選擇集中目標是十分重要的。一般來說，如果某一特殊的顧客群或地區市場的潛在需求足以使企業獲利，而且並不是主要競爭者獲取成功的關鍵因素，那麼這一特殊的顧客群或地區市場就可作為集中目標。如果特定細分市場的顧客需求和偏好出現變化，使該細分市場與整個行業市場之間的差異縮小，那麼集中一點戰略就很難成功。

　　為保證集中一點戰略的成功，企業必須具備從事專門化及滿足特定目標市場需求的特殊技能，以便為整個市場的某一部份提供專門服務，從而做到在局部市場上形成產品特色或低成本的競爭優勢。一旦集中經營企業喪失了有效地為特定市場服務的必要技術和資源，從而喪失了特定市場經營所取得的成本優勢或經營特色，那麼企業將難以抵擋大範圍經營者的強大競爭。

　　這種戰略主要適用於：市場上有顯著不同的顧客群，這些顧客群或者對產品有不同的需求，或者習慣於以不同的方式使用產品；在多個細分市場經營的競爭者要想滿足某特定市場的需求，必須付出較大的代價，同時沒有其他競爭者試圖專注於相同的目標市場；企業現有資源不允許追求較寬的市場面；行業內的各個市場面在規模、增長率、利潤率、五種競爭力量的強度等方面參差不齊，使得對於特定企業而言某些市場面要比另一些市場面更具有吸引力。

　　以上三種戰略被稱為三種通用的基本戰略，成功地實施這

三種戰略需要不同的財力和技能，也需要有不同的組織措施、控制程序(表7-2)。

表7-2　三種戰略的不同要求

戰略類型	對技能及資源的一般性要求	對組織的一般性要求
成本領先	・持久的資本投資和取得資本的途徑 ・工程流程的技巧 ・嚴格的勞動監督 ・易於製造的產品設計 ・低成本的分銷系統	・嚴格成本控制 ・頻繁的詳盡的控制報告 ・結構嚴密的組織和責任 ・基於實現嚴格的定量目標的激勵
特色經營	・強大的市場行銷能力 ・產品技術設計 ・創造性的眼光 ・強大的基礎研究能力 ・在品質和技術領先方面享有聲譽 ・行業的技能傳統或以其他行業 ・吸取技巧組成獨特組合 ・銷售管道的強有力的合作	・研究、產品開發及行銷的強有力協同 ・用主觀評價和激勵取代定量目標 ・吸引高技能勞動力、科學家或創造性人員合適氣候
集中一點	・針對特定戰略目標的以上各項政策的組合	・針對特定戰略目標的以上各項政策的組合

四、「夾在中間」的危險

企業採用了每一種通用戰略但卻又一無所成，這叫做「夾在中間」。夾在中間沒有任何競爭優勢，這種戰略性地位通常是經濟效益低於平均水準的一劑救命藥方。由於成本領先的企業

比享有別具一格的形象的企業和集中一點的企業在各個部份市場上處於更爲優越的競爭地位，夾在中間的企業將只好從劣勢地位上去競爭了。如果一個夾在中間的企業僥倖發現了有利可圖的產品或客戶，擁有持久性競爭優勢的競爭廠商們就會迅速地來把碩果攫取一空。在大多數產業裏，不少競爭廠商是夾在中間的。

　　一個夾在中間的企業只有在其產業結構極爲有利，或者幸虧該企業的競爭對手們也夾在中間時才會賺到明顯的利潤。然而，這類企業通常比採取一種通用戰略的廠商的贏利少得多。產業的成熟程度往往會加深遵循通用戰略的廠商和夾在中間的廠商之間效益上的差別，因爲它會在泥沙俱下的增長高潮中將在戰略失誤的廠商沖刷出來。

　　夾在中間的現象往往是企業不願意就如何競爭做出抉擇的明證。企業千方百計地爭取競爭優勢，結果一無所獲，因爲取得不同形式的競爭優勢通常要採取互爲抵觸的行動。夾在中間的現象也折磨著成功的廠商，他們爲了增長或體面而不惜損害自己的通用戰略。拉克航空公司(Laker Airline)是一個典型的例子。拉克航空公司起初在北大西洋市場上採用不提供非必要服務爲基礎的明白無誤的成本集中戰略，其服務目標是那些對價格極爲敏感的普通旅客這一特定部份市場。然而，時過境遷，拉克航空公司開始增添一些花哨做法，增加新的服務項目和開闢新的航線。這就使它的形象含糊不清，使其服務和運輸系統降至次等水準。這樣做的後果是慘重的，拉克航空公司最終步入破產的下場。

　　採取集中一點戰略的企業一旦控制了目標市場，從而使其通用戰略變得混亂不清，以至於難以擺脫夾在中間的誘惑力。集中一點包括有意識地限制銷售潛力。成功能使集中一點的企業因忘乎所以而看不到其成功的原因，並會爲了增長而損害自己集中一點的戰略。企業與其損害自己的通用戰略，不如去開拓能重演故技，使用其通用戰略或利用與其業務上有相互聯繫的新產業，這樣做往往會更有利。

　　克拉克設備公司在起重機行業中完全受困於中間地位，它在該行業內擁有全美和世界範圍的處於領先地位的市場佔有率。兩家日本生產商，豐田公司和小松新木公司，採用了僅爲高需求量的市場面服務、縮減生產成本和最低點價格的戰略，還利用了日本鋼材價格較低的優勢，這種戰略大大抵銷了運輸成本。即使克拉克公司擁有品種廣泛的產品但缺乏低成本導向，它在世界範圍內較大的市場佔有率(18%；在美國爲 33%)仍未能使其開拓成本領導。還由於其品種廣泛的產品以及缺乏對技術的充分重視，克拉克公司始終沒有獲得過如希斯特公司那樣的技術聲譽與產品差異，希斯特公司把目標集中在大型起重機上，並大手大腳地把錢花費在研究與發展上。結果，克拉克公司的收益顯然大大低於希斯特公司的收益，而克拉克公司一直處於衰落之中。

　　受困於中間地位的廠商必須作出基本的戰略決策。要麼它必須爲獲得成本領導或至少達到同等成本採取必要的步驟，這些步驟通常包含爲了實現現代化而進行大膽的投資及可能包含購買市場股票的必要性；要麼它必須使自己適應某一特定的目

標（目標集中點）或獲得某種獨特性（產品差異）。後兩者的選擇完全可能導致市場佔有率的減縮，甚至絕對銷售額的減縮。對這些可供選擇的方案所進行的挑選必須建立在廠商的潛在能力和局限因素的基礎之上。如已討論過的那樣，成功地執行各種通用的戰略涉及到不同的財力、實力、組織措施，以及管理作風等方面。很少有那家廠商對這三種一般性戰略都適合。

一旦陷入中間地位，往往需要花費時間和持久的努力才能使廠商擺脫這種不值得羨慕的地位。然而，似乎還存在著一種趨勢使這些陷於困境的廠商在那三個一般性戰略之間曠日持久地來回折騰著。如果在追求這三種戰略中包含有潛在的自相矛盾，那麼這樣一種來回折騰時間的做法幾乎總是註定要失敗的。

這些概念暗示著市場佔有率與獲利能力之間存在著若干可能的關係。在某些行業內，中間地位遭遇到的問題可能意味著較小的（目標集中點或產品差異）廠商和最大的（成本領導）廠商是最有利可圖的，而中等規模的廠商最無利可圖。這種情況暗示著獲利能力與市場佔有率之間的一種「U」型關係。這種關係看來適用於美國分級馬力電動機企業中存在的關係。在這些企業中，通用電氣公司和愛默生電氣公司擁有較大的市場佔有率和強大的成本地位，通用電氣公司還擁有強大的技術聲譽。這兩家公司都被認為在電動機行業中掙得了高收益。鮑爾多公司和古爾德公司採用了目標集中點戰略，鮑爾多公司的目標是面向零售商管道而古爾德公司的目標是面向特定的客戶面。這兩家公司的獲利能力都被認為是良好的。佛蘭克林電氣公司處於一種中間地位，既無低成本也無目標集中點。它在電動機行業

中的經營活動被認為是步人家的後塵。當在全球的基礎上進行考察時，這樣一種「U」型關係可能大致上還適用於汽車行業，該行業具有像通用汽車公司(低成本地位)和梅賽德斯汽車公司(產品差異)那樣一些在利潤方面處於領先地位的廠商。克萊斯勒公司、英國萊蘭公司和法國菲亞特公司都缺乏成本地位、產品差異或目標集中點——它們均受困於中間地位。

五、一體化的戰略

　　如何利用自己在產品、技術、市場上的優勢，不斷地向廣度和深度發展，是一個企業成長過程中會遇到的重要戰略問題。一種思路是實行一體化戰略，將獨立的若個企業結合成為一個整體；第二種思路是實行戰略聯盟，將相關企業通過一定方式組成網路式的聯合體；第三種思路是實行多樣化戰略，著眼於企業自身，在現有的業務領域基礎上增加不同的產品或業務，實現資源分享和風險分散。

　　一體化戰略可以分為縱向一體化、橫向一體化和混合一體化。縱向一體化也稱垂直一體化，是指生產或經營過程相互銜接、緊密聯繫的企業之間實現一體化，按物資流動的方向又可以劃分為前向一體化和後向一體化。前向一體化一般也有兩種情況，一是指產銷聯合，即生產企業與銷售企業的聯合，目的是促進產品的銷售；二是指產用聯合，即生產原材料或半成品的初級加工企業，根據市場需要和生產技術可能條件，充分利用現有原材料、半成品的優勢和潛力，決定由企業自己生產成

品或者與成品加工企業組成聯合體，比如顯像管製造公司兼併電視機公司。後向一體化則是朝與前向一體化相反的方向發展，一般指生產成品公司依靠擴大生產規模由自己生產原材料或配套零件，或者向後兼併供應商、與供應商合資興辦企業組成聯合體，目的是為了保證原材料的供應，比如啤酒廠兼併原來為其供應啤酒瓶的玻璃廠。

自 90 年代以來，新一輪全球性的企業合併浪潮興起，規模之大、涵蓋行業之廣、涉及金額之巨，前所未有。特別是近一兩年來，大規模的兼併愈演愈烈，令人驚歎。有人稱之為「世紀合併」，有人則驚呼「以大制勝的時代已經來臨」。

1997 年 7 月，美國聯邦貿易委員會宣佈，正式批准波音公司兼併參道公司。這兩家分居世界第一和第三的飛機製造公司合併後，新的波音公司擁有 20 多萬員工，500 億美元資產，佔有全球 65%以上的噴氣客機市場，年銷售額達 480 億美元，並於 8 月 4 日正式運作。這宗震撼整個世界航空業和經濟界的兼併案，波音動用了 133 億美元、以每一參道股份折合 0.65 波音股份的方式最終完成了，耗時 3 年。在 3 年間，參道曾兩度拒絕波音的合併提議，但波音仍鍥而不捨，為什麼？因為波音清楚，隨著世界從工業經濟時代走向知識經濟時代，以大致勝的競爭趨勢不可避免。正如諾貝爾經濟學獎得主史蒂格勒在研究中發現，世界最大 500 家超級企業，具有一個共同的因素，無一不是通過兼併、收購、參股、控股等手段而發展起來的。波音的良苦用心無非是阻止歐洲勁旅空中客車進一步做大。防止別人做大的最好辦法就是自己做大，最好的防禦就是進攻。

　　麥道為什麼最後又同意被兼併呢？如果以為麥道經營不善、瀕臨倒閉，那就大錯特錯了。麥道公司有 75 年歷史、總資產 122 億美元的老牌企業，1996 年 1～9 月，民用客機銷售額為 19 億美元，盈利 9000 萬美元，是上年同期的兩倍多。但是，面對波音、空中客車的競爭，麥道一路失城割地，在世界民用客機市場上，麥道的市場已從 22%跌到 10%以下。與此同時，麥道這個 70%利潤來自軍用飛機的世界最大的軍機製造商，面對美國新一代戰機——「聯合殲擊機」的龐大生產訂單時，躊躇滿志，出馬應徵，結果意外地鎩羽而歸，「東方不亮西方也不亮」，麥道的市場陡然變小。麥道總經理不得不坦率承認，由於市場萎縮，使麥道獨立生存變得艱難，就算眼下仍然盈利，日後還是難以為繼。所以，與波音的「以攻為守」不同，麥道實際上是「以退為守」。

1.縱向一體化戰略優勢

⑴實現規模經濟、降低成本

　　①由於把技術上相區別的生產運作放在一起，企業有可能實現高效率。比如在熱鋼壓平的經典事例中，如果鋼鐵生產和壓平活動被連接在一起，鋼坯就沒有必要再次加熱。

　　②由於成品和零件歸併成一個系統，在生產、設計、行銷等內部環節上，更易控制和協調，從而會提高生產效率。

　　③生產與銷售一體化有利於市場信息準確及時地回饋，使企業能迅速地瞭解市場供求和監控市場，而且實行一體化還能將搜集信息的總成本由各部份分攤，從而減少信息成本。

　　④通過縱向一體化，把市場交易行爲變爲企業內部交易，

企業內交易雖然也常常需要討價還價，但不需要任何銷售力量和市場行銷、採購部門，也不需要廣告費，而是依靠管理人員的行政協調和指揮，從而可以節省市場交易中的銷售、談判等交易成本。

(2)減小供求的不確定性，規避價格波動

實行縱向一體化，使上游、下游企業之間不會隨意中止供求關係，不管是產品供應緊張還是總需求很低時期，都能確保充足的供應，從而減小市場供求的不確定性。而且因為實現了縱向一體化，上游、下游企業之間的交易雖然也必須反映市場價格，但這種內部轉移價格實際上只是一種為了便於業務管理、成本核算的影子價格，企業可以主動調節，從而可以避免產品價格的大起大落。

(3)實行縱向一體化

由於企業規模擴大、成本降低和控制加強，進入壁壘提高了；由於強化了對關鍵零件設計的控制，有可能更好地滿足不同市場層面用戶的特殊需求，從而增強對最終用戶的控制；同時也有更多機會通過使用特殊原材料、零配件或技術等途徑尋求區別於同行業競爭者的產品特色。

2.縱向一體化戰略的戰略成本

(1)較大資本需求所引起的財務資源緊張

雖然一些零件和原材料由企業自製，成本較低，但自製所需的生產資金、儲備資金和材料資金等要比外購多得多。

(2)巨額固定資產投資導致較高的退出障礙

如果企業在某一市場上購買一種產品，那麼所有成本都是

變動的；如果在一體化企業生產產品，即使產品需求下降了，企業也必須承擔已經投入的固定成本，調整經營方向變得更加困難，即使產品品質不合格，成本較高，服務不好，也難以更換供應商或顧客，機動靈活性差。

⑶整個企業活動鏈的各個環節之間的能力很難平衡，管理難度加大

縱向一體化企業內部的上游單位與下游單位的生產能力必須保持平衡，任何一個有剩餘生產能力的環節(或有剩餘需求量的環節)必須尋求市場銷售管道(或從市場上補充購入)，否則會犧牲其生產能力和市場地位。然而，要保持各環節之間的能力平衡常常相當困難。因為，實行縱向一體化以後，由外部市場交易變成了企業內的交易，供求雙方的討價還價積極性下降，從而可能使經營激勵弱化。而且隨著規模擴大，管理幅度也加大，管理複雜性提高了。

綜上所述，在考慮採用縱向一體化之前，必須對其有利和不利影響進行全面分析和權衡。縱向一體化在日本被許多大企業所採用。日本豐田汽車公司就是用後向一體化戰略形成了系列企業和關聯企業網。

除此之外，橫向一體化和混合一體化，也越來越被廣泛運用。橫向一體化也稱為水平一體化，是指與處於相同行業、生產同類產品或生產技術相近的企業實行聯合，實質是資本在同一產業和部門內的集中，目的是實現擴大規模、降低產品成本、鞏固市場地位。橫向一體化戰略並不偏離企業原有的經營範圍，因而不會引起管理上的太大困難，而且由於橫向一體化所

帶來的優勢基本上來自於合併企業現有的能力，所冒的風險也較小。

混合一體化是指處於不同產業部門、不同市場且相互之間沒有特別的生產技術聯繫的企業之間的聯合，包括三種形態：

①產品擴張型，即與生產和經營相關產品的企業聯合；

②市場擴張型，即一個企業為了擴大競爭地盤而與其他地區生產同類產品的企業進行聯合；

③毫無關聯型，即生產和經營彼此間毫無聯繫的產品或服務的若干企業之間的聯合。

混合一體化，可以降低一個企業長期處於一個行業所帶來的風險，也可以使企業的技術、原材料等各種資源得到充分的利用。

1998 年 4 月，作為世界金融中心的紐約接連爆出新聞：4 月 6 日，美國花旗公司和旅行者公司宣佈合併，被稱為「世界上最大的金融合併行動」，涉及金額超過 700 億美元。相距不過一週時間，4 月 13 日，美國國民銀行與美洲銀行宣佈合併，組成美國最大銀行，涉及金額高達 593 億美元；美國第一銀行與第一芝加哥銀行也宣佈聯姻，成為美國第五大銀行和第二大信用卡發行公司，涉及金額也達到 298 億美元。

在花旗公司和旅行者公司合併行動的帶動和壓力下，美國銀行乃至整個金融業又掀起了一場前所未有的合併浪潮。原國民銀行董事長兼執行總裁、現任合併後新成立的美洲銀行董事長的麥科爾稱，他們的合併是美國銀行史上的一次「分水嶺事件」。他認為，這一事件將促使美國創立一種更具競爭性、更能

獲利的銀行體系。

銀行業是美國金融業的主要組成部份，據統計美國目前資產在 100 億美元以上的大銀行共有 80 餘家，有「超級銀行」之稱的共 10 家。近日來，華爾街不斷有消息說，在合併浪潮的衝擊下，包括大通曼哈頓銀行在內的許多美國大中銀行都在籌劃併購事宜，併購對象有的是本國和外國的銀行，有的是證券公司或股票經紀公司。而一些尚未有眉目的大銀行也正在進行緊鑼密鼓地接洽。

不管這些併購方式和數額如何，但美國銀行實行大整合的目的很明確，就是為了抗衡競爭對手而結緣，為了在日趨激烈的全球金融業的版圖擴張競爭中搶先一步，佔據有利地位，以便能長久地保持主導地位。金融分析家普遍認為，日本正陷於嚴重的經濟和金融困境，歐盟國家則忙於實施歐洲貨幣一體化，這給美國金融業帶來了在全球搶灘的有利時機。

此次美國銀行併購風潮有兩大特點。其一是大大擴大了現有銀行的實力和規模，形成了美國銀行史上罕見的「超級銀行」。其二是突破了美國 30 年代大蕭條以來對銀行業實行的不得同時兼營保險、經紀和證券等業務的禁令。美國國會在有關金融機構的疏通下，對這種「突破性兼併」採取默認的態度。

六、戰略聯盟的戰略

戰略聯盟是指兩個或兩個以上的企業通過一定的方式組成的網路式聯合體。這個概念首先由美國 DEC 公司總裁簡·霍普

羅德和管理學家羅傑‧內格爾提出，隨後得到實業界和理論界的普遍贊同。從 80 年代初以來，戰略聯盟這一新形式獲得了迅速發展，從 1980 年～1990 年，日本企業和美國企業簽署了 500 多個戰略聯盟，近幾年又在歐洲掀起了一股狂潮。

1.戰略聯盟的主要形式

⑴合資

合作各方共同出資，組建企業，共擔風險，共用收益。

⑵聯合開發

為了研究開發某種新產品或新技術，合作各方可以簽訂一個聯合開發協定，聯盟各方分別以資金、設備、技術、人才等投入，進行聯合開發，開發成果各方共用。

⑶定牌生產

有剩餘生產能力的企業可以與具有知名品牌但生產能力不足的企業結成戰略聯盟，按知名品牌企業的要求生產，並冠以知名品牌進行銷售。

⑷特許經營

特許方利用自己的品牌、專利或專有技術，通過簽署特許協定，轉讓特許權，讓受許方利用這些無形資產從事經營活動。特許方對受許方，既擁有一定的控制，如規定經營方式、經營指導和檢查，保證品質統一、形象統一，同時又始終尊重對方的自主性。

⑸相互持股

戰略聯盟各方相互持有對方一定數量的股權，形成你中有我、我中有你，但雙方資產、人員並不進行合併。

2.戰略聯盟的主要特徵

戰略聯盟形式雖然各有特色，但是作爲現代企業組織制度的一種創新形式，相對於企業組織而言，又有其共同的特徵，那就是：戰略聯盟是一種邊界模糊、關係鬆散、靈活機動的網路式組織。具體表現在以下三個方面：

⑴企業邊界模糊

傳統企業作爲組織社會資源的最基本的單位，具有明確的層級和邊界。而戰略聯盟一般是由具有某種共同利益的企業之間以一定的契約或資產聯結起來並對資源進行優化配置，形成你中有我，我中有你的局面。

⑵企業關係鬆散

傳統企業主要通過行政方式進行協調、指揮和控制，而戰略聯盟的各合作企業之間通過契約聯結，通過協商機制來解決各種問題，因而關係相當鬆散。

⑶靈活機動

戰略聯盟無需大量投資，組織鬆散，而且往往都有存續時間，因此，當外部出現發展機會時，可以迅速地組建起來，而當戰略聯盟不適應外界條件變化時或者當合作協定中規定的任務完成以後，即可迅速將其解散。

由於戰略聯盟有這樣鮮明的特點，因此近年來戰略聯盟形式被企業界廣泛利用。利用戰略聯盟，企業可以相互利用彼此的現有設施，迅速地獲取技術，擴大市場，進入國外市場，降低經營風險，降低經營成本，促使服務多樣化，增強自身實力。

　　在競爭激烈的國際航空市場上，過去的 10 年，飛越不同國家的旅客激增近一倍，全球消費者都希望以優惠價格快捷地前往更多的地方。面對這種情況，自 90 年代以來，航空業「聯盟風」越刮越烈，世界各大航空公司紛紛結成全球性聯盟，為乘客提供一次購票、隨意轉機等所謂「無縫」旅行服務。1997 年 5 月，德國漢莎航空公司和美國聯合航空公司等五家公司組建了「明星聯盟」。1998 年 9 月，英國航空公司、美國美洲航空公司、澳大利亞康達斯航空公司、加拿大國際航空公司和香港國泰航空公司聯合組建成世界上最大的航空公司聯盟——「一個世界(ONEWORLD)」。據稱，「一個世界」聯盟的成員公司共操縱 1524 架飛機，其網路服務分佈 137 個國家、共 632 個城市。1997 年，這些公司共接載 1.74 億名乘客，相當於世界人口的 1/34，每秒有 5 名顧客乘搭「一個世界」聯盟公司航機。「一個世界」聯盟的成員共僱傭 22 萬名員工，其中包括 4.8 萬名機艙服務人員和 4 萬名地勤服務人員，每天需供應 41.18 萬份飛機餐。如此大規模的航空聯盟，無疑將改變整個航空市場的競爭格局。

　　但是，也正是這些特點，使戰略聯盟產生許多不足。比如，由於戰略聯盟合作各方關係鬆散，其內部存在著市場和行政的雙重機制，合作各方能否真誠合作、相輔相成，關係到戰略聯盟的成敗，因此，組建戰略聯盟時必須慎重地選擇合作夥伴。另外，由於各方相對獨立，彼此之間在組織結構、企業理念、管理風格上都有很大差異，而且戰略聯盟本身又是一種網路式的鬆散組織，因此，在聯盟設立之初，就應確定合理的組織關

係，明確界定各方的權、責、利，並建立良好的溝通、協商管道。

　　1954 年，雷·克羅克 51 歲，是一個專門為芝加哥公司推銷一種用於生產奶油蛋混合機的批發商。有一次，他接到一個大訂單，加利福尼亞的一個由莫里斯和迪克·麥克唐納開設的超級餐館，需要 8 台混合機，於是他急忙去察看。這是一家有著高明的經營方法、面積很大、能開車進店的餐館。克羅克馬上意識到，假如這裏有 100 個這樣的餐館，他就可以推銷 800 台混合機。他勸說麥克唐納，如果他承諾特許經營，只用他收入的 0.5%就可以把銷路鋪向全州。於是，克羅克開始了第一筆特許經營業務，1961 年他用 270 萬美元買下了麥克唐納兄弟公司。從此，麥克唐納公司就依靠特許經營，進軍全球，勢不可擋。

　　特許經營的關鍵是實行了標準化和保持嚴格的控制。在麥克唐納公司，有一本長達 350 頁的經營手冊，對食品的準備、食品的製作程序、服務程序以及設備的維護等都有嚴格規定。比如手冊要求門窗每天要清洗兩次；男生的頭髮要修剪得象軍人一樣短，皮鞋要擦得鋥亮；女生必須穿黑色的低跟鞋，頭髮要網上並要輕妝淡抹。

　　在麥克唐納公司，烹調實行徹底的標準化。一磅肉的肥肉不能多於 19%，甜麵包必須 3.5 英寸寬。就連一件食品做成的時間也有規定，比如法國灌湯要 7 分鐘，咖啡要 30 分鐘，超過規定時間的食物必須扔掉。

　　在麥克唐納公司，所有的特許經營商店都必須符合嚴格的

規定標準，監督機構必須對商店的經營實行嚴格的監督，品質檢查員必須嚴格檢查經營的各個環節，以保證服務品質的同一性，防止由於某個商店的問題而影響整個公司的經營。

七、多樣化的戰略

多樣化戰略是指在現有業務基礎上增加新的產品或業務。根據現有業務和未來業務之間的關聯程度，可以把多樣化戰略分為兩種類型，即同心多樣化和複合多樣化。

同心多樣化又稱相關多樣化，是指雖然企業發展的業務具有新的特徵，但它與企業原有的核心業務具有戰略上的適應性，它們在技術、技術、銷售管道、市場管理技巧、產品等方面具有共同的或是相近的特點。同心多樣化根據新業務方向的不同，又可分為橫向多樣化、縱向多樣化和多向多樣化三種。

橫向多樣化是以現有的產品市場為中心，向水平方向拓展業務領域的一種多樣化方式，包括以現有產品為基礎開發新市場的市場開髮型，以現有市場為主要對象開發與現有產品同類的新產品的產品開髮型，以及以新開發的市場為主要對象開發新產品的產品市場開髮型三種。這種戰略由於是在原有的產品市場基礎上進行變革，因而產品內聚力強，開發、生產、銷售、技術關聯度強，管理上無需作大的調整，比較適合於原有產品信譽高、市場廣且發展潛力仍然很大的企業。

縱向多樣化是以現有的產品市場為中心，向垂直方向拓展業務領域的方式，包括向上游產品發展和向下游產品滲透兩

種。這種戰略有利於綜合利用資源，但往往由於上下游產品的生產性質迥異，因而管理上需要更高的要求，適合於生產、開發和銷售等環節的關聯度較強的企業。

多向多樣化是指雖然與現有的產品、市場領域有些關係，但是新開發的產品、市場與現有的產品市場完全異質的方式，包括以現有業務的技術為基礎、以異質的市場為對象開發異質產品的技術關聯式，以現有業務行銷管道、促銷方法、顧客群為基礎發展異質產品市場的行銷關聯式，以及以現有業務資源為基礎開發異質產品市場的資源關聯式三種。這三種類型分別適用於技術密集度較高的企業、市場行銷能力較強的企業和資源密集度較高的企業。

而複合多樣化又稱不相關多樣化，即企業新發展的業務與原有業務之間沒有任何戰略上的適應性，所需的技術、經營方法、銷售管道等必須重新取得。

複合多樣化是從與現有業務領域沒有明顯關係的產品市場中尋求成長機會的一種多樣化方式，包括因資金往來關係而形成的資金關係多樣化，為了特殊人才或專有技術而發展新業務的技術關係多樣化，為了從現有的業務中撤退或為了追隨市場最新需求變化而形成的市場關係多樣化，以及純粹的分散分險而形成的風險關係多樣化等類型。採用這種戰略的企業，所關心的主要目標已不在於建立共同的業務主線，而在於提高投資報酬率。從理論上講，只有複合多樣化戰略，才能真正起到分散風險，增加營利管道的作用，但在實踐中，由於這種戰略的戰線可能過長，整個企業的綜合管理難度大大加強，因而容易

導致經營失敗。這種戰略比較適合於資金實力雄厚、綜合管理能力強的大型企業。

企業實施多樣化戰略，不管採用那種形式，一般都能夠帶來一些益處。比如：

(1)協同效應

企業採用多樣化戰略後，如果新老產品、新舊業務在生產管理、市場行銷、生產技術等各個領域上具有內在聯繫，存在著資源分享性，那麼它們之間就能起相互促進作用，發揮出超過幾個事物簡單總和的協同效應。

(2)分散風險

實行多樣化戰略的企業，把企業利潤建立在多種產品的生產經營上，如果不同產品、不同業務之間在價格波動上存在負相關關係，在產品生命週期上處於不同階段，那麼企業的利潤就不會過分依賴於某一種產品市場，企業經營也不會因某種產品的崩潰而元氣大傷，從而可以避免因把所有的雞蛋放在一個籃子裏帶來的風險。

(3)增強市場競爭力量

一個多樣化企業可以憑藉其在規模及不同業務領域經營的優勢，通過其他業務領域的收益來支持某一業務採取低價競爭，從而擠垮競爭對手。

當然，實行多樣化戰略也會有風險。比如：

(1)由於在多業務領域經營，企業的管理和協調工作大大複雜化了，對不同業務單位的管理理念、方式方法、業績評價、集權與分權、相互配合協作等方面都可能存在矛盾與衝突，從

而降低管理效率。

　　(2)企業進入一個新的業務領域時，往往缺乏必要的經驗積累和資源，還會面臨較大的進入障礙，因此常常伴有較大風險。

　　(3)企業的資源總是有限的，實施多樣化戰略必然會分散企業資源，從而對原有業務產生影響。如果企業在原有業務領域並未真正獲得競爭優勢就急不可待地進入新的業務領域，就很容易使新舊業務同時陷入困境，造成經營上的失敗。

　　爲了防範多樣化戰略的風險，企業必須解決兩大基本問題：一是應選擇什麼新產業，二是在不同業務之間如何協調。通常，企業會更多地注意新產業的選擇而不太重視不同業務之間的橫向協調。然而，沒有一個橫向協調的機制，各業務經營單位很可能會朝著相互抵觸的方向前進，從而無法實現協同效應。因此，實行多樣化戰略的企業必須致力於各業務單位之間的協調，保證整體最優化。

　　吉列(Gillette)刮鬍刀公司數十年來都是一家經營單一產品的公司。1901 年創辦公司以後，吉列公司依靠專利權和龐大的廣告支出，迅速擴大市場，到 1920 年已將觸角伸到了全球，世界上大約有 2000 萬人在使用「吉列」刮鬍刀和刀片。

　　但是，1921 年，「吉列」的專利權期限屆滿，競爭就已經來臨了。1926 年，享利‧蓋斯曼發明了新型改良式不易龜裂雙面刮鬍刀片並擁有了專利權。因「吉列」公司不願購買這項專利，於是蓋斯曼決定自己幹，並很快推出了 Probak 刮鬍刀和刀片。由於蓋斯曼生產的刀片的刀鋒品質優於吉列，使蓋斯曼的銷售額不斷增加，而吉列的銷售情況卻每況愈下。到 1930 年

末，當吉列同意用自己的股票購進蓋斯曼公司時，蓋斯曼實際
上已經聚積了相當多的吉列公司股票，並已取得了控制權。至
1931 年，也就是蓋斯曼第一次接觸吉列公司之後的第 5 年、吉
列專利權到期後的第 10 年，吉列安全刮鬍刀公司已經完全不再
是金・C・吉列創辦的公司了，吉列本人也被迫放棄所持有吉列
公司的股票。

　　新的吉列公司不想犯同樣的錯誤，它的現代歷史也就是一
部多樣化經營的歷史。1948 年，吉列公司收購了杜尼家庭用品
公司。1954 年自行開發出 Viv 牌口紅和泡沫刮鬍膏。1957 年推
出 Hush 牌女用除臭劑、Adorn 噴髮劑以及 Thorexin 止咳糖漿。
它一方面大力推動個人用品尤其是除臭劑和各種洗髮精，另一
方面又於 1967 年收購德國的 Braun 電動刮鬍刀公司，借此來保
護刮鬍刀產品的市場。

　　現在，吉列公司已經成為一家名副其實的多樣化公司，從
口袋裝打火機公司到小型廚房傢俱公司、植物肥料公司、國際
貨運公司，而刮鬍刀和刀片的銷售額在其總營業額中所佔的比
例至 1980 年還不到 35%。至此，吉列公司不必再在刀口下討生
活了。

八、國際化的戰略

　　企業在發展過程中，可能出於利用國外資源、開拓國外市
場或調整產業結構的考慮，要進行跨國生產、銷售、服務等國
際性經營活動。這時，就需要對國際經營環境進行分析評估，

找出優勢和劣勢、機會和威脅，作出國際化的戰略規劃。

　　一個企業欲進入國際市場，通常有四種方式可供選擇。

1.商品出口

　　商品出口包括直接出口和委託外貿機構間接出口兩種，是企業進行國際化經營的第一步，適用於任何規模的企業。通過出口，企業可以為自己在國內已處於飽和或衰退階段的產品重新找到市場，或使產品的銷售條件更為有利，而且企業為出口所採取的行動主要集中在行銷領域，而其他職能活動變化不大，因此風險也較小。但是，出口商品可能會受進口國的配額控制，反傾銷抵制，容易受制於專業經銷商。

2.許可生產

　　這是指企業通過簽訂許可證合約的形式，將自己的專利、專有技術、設備、技術、商標等提供給其他企業使用，並收取相應的費用和報酬。通過許可生產將技術轉讓給外國企業，不但可以使自己的專利技術得到更廣泛的應用，而且通過技術的後續發展對許可證接受方的生產經營進行控制。但是，許可生產也可能為自己培養出新的競爭對手。所以，企業絕不可以將技術轉讓給有明顯競爭傾向的企業，要緊緊將核心技術控制住。

3.合約安排

　　合約安排又稱非股權安排、契約式合營，主要包括製造合約、工程項目合約、交鑰匙工程、管理合約、國際分包合約、勞務輸出合約等。其中，交鑰匙工程是指國際企業將工程項目的設計、安裝、測試甚至產品銷售等都完成後，一攬子轉讓給當地企業管理的方式。

4.直接投資

這是指企業用股份控制的辦法，直接參與生產和經營，是企業國際化的高級形式，包括獨資公司、合資公司等。直接投資風險大，靈活性差，管理複雜。

圖 7-2　企業國際化的演變順序

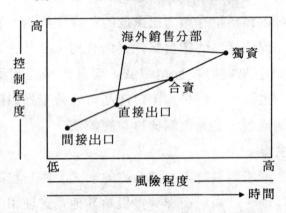

圖 7-3　進入國際市場的戰略方式選擇

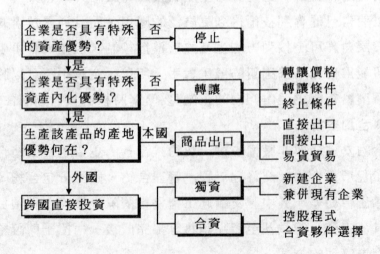

　　這四種方式的風險和可控制程度不一樣，企業在國際化的戰略規劃中必須充分考慮各種因素，權衡利弊。一般而言，企業國際化的演變順序是從低級向高級發展的（如圖 7-2），因此進入國際市場的戰略方式選擇也應順應這一順序（如圖 7-3）。

　　如果是一家大型的全球性公司，其觸角已伸到世界各地，擁有多個市場目標，那麼，就有必要對全球多個市場目標進行戰略規劃。通常，全球多目標的戰略規劃有四種思路。

圖 7-4　國際市場組合模式

國家吸引力	高	控制—多元合資		
	低		選擇	
	中	豐收—多元組合—許可證		投資—成長
		低	中	高

產品競爭優勢

　　第一種，國際市場組合模式。這是由 G・D・哈雷爾和 R・O・凱弗提出的（圖 7-4）。縱坐標為國家吸引力，由一國的市場規模、市場發展速度、政府管制的類型與程度以及政治、經濟等多種因素綜合而成；橫坐標為產品競爭優勢，指的是產品的市場、適應性、國際貢獻及市場支援等優勢。通過矩陣組合，可得到四種戰略。

　　第二種，贏利—合法性模式。這一模式主要考慮贏利性與合法性兩個因素（圖 7-5）。縱坐標為合法性，指國際經營活動

與東道國的法規、改革、文化、習俗等環境因素的適應程度；橫坐標為贏利性，指國際經營活動能為公司帶來收益增加、成本減少或穩定性增強的可能程度。通過矩陣組合，可得到四種戰略。

圖 7-5　贏利—合法性模式

合法性	首要	多中心主義： 努力使公司或子公司適應當地經營環境，管理分散。	地區中心主義： 按一定的區域劃分和資源配置，管理既集中又分散。
	次要	全球中心主義： 在全球範圍內配置資源，管理又集中又分散但形成網路	本國中心主義： 以本國為中心，集中控制本國管理人員，完全當地化
		次要	首要
		贏利性	

　　第三種，價值鏈模式，根據國際分工和資源條件的不同，將價值鏈各環節相應地安排在各個國家中去生產；根據競爭條件的不同，企業要保留並控制一些關鍵的價值鏈環節，並且在讓外部企業完成價值鏈的其他環節時，應採取技術轉讓、市場採購、投資控股等不同方式。

　　第四種，橫向、縱向和混合發展模式。橫向是指將同類產品轉移到別國生產，縱向是指將處在同一生產鏈上的上游或下游產品轉移到別國生產，混合則是兩者兼而有之。

　　在經歷長達四年的艱苦談判之後，全球最大感光材料企業美國伊士曼柯達公司，終於在中國市場上完成了「精彩一刻」。1998 年 3 月 23 日，柯達公司正式對外宣佈：已完成對中國三

大感光材料企業收購工作，由此成為首家也是最大一家在中國本土生產彩色膠片和相紙的外資企業，進一步拓展了中國市場。

佔領中國市場一直是柯達公司總裁喬治·菲舍心中兩大願望之一，另一項願望是帶領柯達搶先進入數字化時代。這位被已於 1997 年 10 月去世的可口可樂總裁兼柯達董事長羅伯特·郭思達譽為「僅次於上帝的第二位人選」的柯達總裁，目前正遭受前所未有的打擊。面對富士公司咄咄逼人的市場蠶食和居高不下的成本開支，柯達 1997 年全年盈利減少了 25%，而公司股票也下挫 33%。

喬治·菲舍似乎把徹底打開中國市場看成是解柯達之圍的唯一辦法。儘管柯達方面宣稱在彩色膠卷、相紙、沖曬藥品等累加的綜合收入方面超過富士，但後者的中國市場佔有率仍高出 18 個百分點，達 48%。一旦柯達中國生產計劃落實，不僅可以大幅削低生產成本開支，而且有望在中國市場上擊敗富士。

在柯達公司 1994 年提出的對中國感光材料行業一攬子收購計劃中，原計劃將中國上海、天津、廈門、汕頭、無錫、遼源和保定的所有感光材料企業全部控股兼併，其中「樂凱」排名第一。但樂凱則一直堅持「談判可以，控股不行」的原則，所以，並不出人意料的是，已在上海證交所掛牌上市的國內最大感光材料企業樂凱膠片公司，不在柯達收購名單上。作為僅次於富士公司的柯達第二大競爭對象，樂凱公司目前的彩色膠卷和彩色相紙市場均保持 20%左右。此次被柯達公司成功收購的三家企業，分別是來自廣州汕頭的「西元」、福建廈門的「福達」以及江蘇無錫的「阿爾梅」。除無錫「阿爾梅」主攻醫用黑

白膠卷和工業用X光片外，另兩家企業均是80年末90年代初中國彩色膠卷和相紙市場的主要生產者。

菲舍說：「這是一項破天荒的協議。」他表示，這項投資長遠而言，將有助於增加柯達的營業收益市場佔有率及利潤。這位前摩托羅拉總裁計算了一筆賬：中國現時每10個家庭擁有一部相機，每部相機年均拍攝4個膠卷。只要中國有一半人口年拍一個36片裝膠卷，足以將全球影像市場容量擴大25%。中國人每秒多拍500張相片，相當於又多出一個等同於美日市場的規模。他斷言──中國下世紀將超越美國或日本，躍升為全球最大或第二大影像產品市場。

柯達遠東總部發言人在進一步闡釋菲舍的講話時，不願透露該公司產品目前在中國的具體情況，但她肯定地說：「近幾年一直有兩位數增長，去年的營業額上升了 31%，利潤增加了42%。」該發言人同時不願對柯達及富士的市場比較作出評論，不過她強調：「在金裝100膠卷方面，我們仍處於領導地位，我們對富士的壓力也很大。」

據悉，為新購進的三家中國企業專門成立了兩家公司，其中，汕頭西元和廈門福達將把主要資產轉移給柯達(中國)股份有限公司，而無錫阿爾梅則把主要資產轉向柯達(無錫)股份有限公司。柯達遠東發言人稱，該公司已為此投入 4.9 億美元，並佔有兩家新公司 80%和 70%的股權，中國三家感光材料企業則以資產投股佔有剩餘股份。西元和福達歸併入「柯達系」企業後，原有品牌將不得用於彩色膠卷和相紙產品。

隨著兩家新工廠的加盟，柯達公司在中國除了擁有近3000

家加盟店外，還形成了五家系列企業。不僅生產彩色膠卷和相紙，同時也生產 35mm 相機、相機電子零件和彩擴設備，生產的柯達產品主要投向國內市場。

目前，市場人士最為關注的是柯達彩色卷的價格問題。柯達方面已宣佈膠卷生產原材料 90%將在中國本土採購，由於原材料價格佔膠片製造成本的 70%，所以將極大地影響柯達在中國的產品價格策略；而本土生產、就地銷售後，關稅對柯達已不構成任何壓力；新工廠的 2000 名員工中，中國籍員工佔 90%，人工成本開支也相應降低。柯達遠東總部發言人表示：「目前尚未有具體訂價方案出臺，但公司希望中國消費者能更容易也更便宜地買到柯達產品。」

九、緊縮型的戰略

在企業經營環境變得不利時，在企業所在的產業走向衰退時，在企業有必要進入新的行業時，企業就會採取與上述幾類戰略相反的緊縮型行動戰略，包括抽資轉向戰略、退出戰略甚至清算戰略。緊縮型戰略能夠幫助企業在惡劣的外部環境下，節省開支和費用，渡過難關；能夠在企業經營不善時，最大限度地降低損失；能夠幫助企業更好地轉移資源，實行資產的最優組合。

抽資轉向戰略，是企業在現有的業務領域不能維持原有的市場規模，或者存在新的更好的發展機遇的情況下，對原有業務領域進行壓縮投資、控制成本的戰略方案。通常，這種戰略

可以通過以下方式實現：第一，調整組織結構，包括改變企業的核心領導人和調整組織內的機構職能等。第二，降低成本，包括壓縮日常開支、降低管理費用甚至通過裁員壓縮勞動力成本等。第三，減少資產，包括出售與企業基本生產活動關係不大的土地、設備，關閉一些生產線等。第四，收回資產，包括降低企業存貨量，加速收回應收賬款等。

退出戰略，是指將企業的一個或幾個主要部門轉讓、出賣或者停止經營。通常，退出戰略可以通過以下方式實現：一是合約承包，企業將某些業務承包給其他企業，既退出了該業務的實際生產經營活動，又能擁有該業務的所有權。二是出售業務，企業可以只出售部份業務，將企業內的一部份業務分離出去，成為半獨立的實體；也可以全部售出，將企業整體以高於固定資產時價賣給願意進入該業務領域的業主。三是管理賣出，是指由企業內的管理人員及一些聯合的外部機構共同買下企業原業主希望退出的業務部份，同時企業原業主在短期內仍享有資產收益。四是資產掉換，指企業將需要退出的業務所佔用的固定資產與其他企業的固定資產對換，換入企業其他業務或新業務可以使用的固定資產。

清算戰略，是指賣掉其資產(基本上是有形資產，而不像退出戰略那樣，出售企業的全部或部份業務的整體)，或終止企業運行和存在。顯然，這種戰略是最不受人歡迎的，是企業確實毫無挽救的情況下才採用的一種戰略。但是，一旦確信企業無望，就應儘早制定清算戰略，否則越拖損失就會越大。

通用電器公司從 50 年代起就與 IBM 公司在電腦市場上競爭，到 60 年代初，通用電器公司的利潤急速下降，1961 年公司不得不考慮在三種戰略中選擇一個：一是從電腦市場上撤退；二是維持目前的市場狀況；三是擴大市場範圍。經過研究分析，選擇了第三種戰略。

但最後實際執行的卻是第二種方案。到 1970 年，IBM 公司推出了第四代電腦，並在全世界電腦市場上擁有了 70%的佔有率。1969 年 10 月，通用電器公司成立了由首席金融負責人、首席戰略計劃負責人和全體董事組成的「風險特別小組」，專門討論電腦事業的資源分配問題，終於承認電腦事業失敗了，並決定「體面地從財務方面有利地撤退出來」。在尋找買主時，先後與當時電腦市場上與 IBM 公司競爭的「七個小矮人」中的數據處理公司、施樂公司、霍尼威爾公司進行了接觸，最終決定賣給霍尼威爾公司。由於這一收購能使霍尼威爾公司的市場佔有率從 4.7%提高到 8.7%，所以它同意通用電器公司佔有 1500 萬股股份(相當於當時的 1.54 億美元)。

雖然，通用電器公司的電腦事業失敗了，但是，與經過苦苦掙扎仍然不得不在後來年份中賣掉了電腦事業部的美國無線電公司和施樂公司比，其退出戰略是成功的。

十、通用競爭戰略的實施

每一種通用戰略都是為創造和保持一種競爭優勢而使用的相互之間有很大差別的方法，它把企業所追求的競爭優勢的形

式和戰略目標的範圍結合起來。通常，一個企業必須從中做出選擇，否則就會夾在中間。企業如果同時服務於一個範圍廣泛的部份市場（成本領先或別具一格），就不能從面向特定目標市場（集中一點）的戰略上獲取最大的利益。企業有時可能在同一個公司實體內創建兩個在很大程度上相互獨立的經營單位，各自奉行一條不同的通用戰略。英國的一家飯店──特拉斯特豪思弗特公司（Trusthouse Forte）便是一個很好的例子。這家公司經營五個獨立的飯店聯號，每個聯號都面向不同的目標市場。然而，除非企業把奉行不同通用戰略的經營單位嚴格區分開，否則就會損害它們每一個取得其競爭優勢的能力。由於公司的政策和文化在各經營單位的相互糾纏，可能造成用一種次等的競爭方法與他人競爭，便會導致夾在中間的結果。

取得成本領先地位和別具一格形象通常也不是並行不悖的，因為別具一格一般代價很大。企業想要別具一格並贏得溢價，就要有意識地提高成本，正像履帶拖拉機公司在建築設備業所做的那樣。與此相反，成本領先往往需要企業放棄某些別具一格之處，把產品標準化，降低行銷費用等等。

降低成本並不總是以犧牲別具一格為代價的。許多廠商通過採用效率更高、效果更好的做法或採納一種不同的技術這兩種途徑，找到了不但不必損害別具一格的形象，而且實際上是提高了這種形象的降低成本的方法。有時，企業如果以前從未在降低成本上下過功夫，那麼它就能在不影響別具一格的形象的同時收到降低成本的顯著效果。然而，降低成本與取得成本優勢不是一回事。當企業面臨著也在爭取成本領先的精明能幹

的競爭對手時，它就會最終遇到進一步削弱成本就要犧牲別具一格的形象的問題。這時，通用戰略之間便發生了衝突，而企業必須做出抉擇。

如果一個企業能同時取得成本領先地位和別具一格的形象，其報價是豐厚的，因爲好處是累加的。在別具一格戰略帶來溢價不同時，成本領先則意味著較低的成本。金屬容器業的皇冠瓶蓋公司(Crown Cork and Seal)是一個企業在其部份市場同時獲得成本優勢和別具一格的形象的例子。皇冠瓶蓋公司瞄準啤酒、軟飲料和煙霧劑行業裏所謂「難以把握」的罐頭的用途，它只生產鋼罐而不同時生產鋼罐和鋁罐。皇冠公司在其目標市場上，以服務、技術幫助和提供種類齊全的鋼罐、罐蓋和罐裝機爲基礎而樹立了別具一格的形象。不同需求同時存在的產業的其他部份市場要取得這種類型的別具一格的形象就會困難得多。同時，皇冠將其廠房設備專用於生產既定部份市場的顧客所需求的罐頭種類，並積極進取，在現代化的鋼罐兩段成形技術方面投資。結果，皇冠公司在其部份市場上大概也取得了低成本生產廠家的地位。

(一)通用競爭策略的實施

在以下三種情況下，企業能同時取得成本領先地位和別具一格的形象。

1.競爭廠商夾在中間

當競爭廠商都夾在中間時，沒有一家廠商的優勢能迫使其他企業的成本和別具一格優勢發生相互抵觸。這正是皇冠瓶蓋

公司(Crown Cork)的情況。其主要競爭廠商未在成本低的鋼罐
生產技術上投資，這樣皇冠瓶蓋公司便取得了成本領先的地
位，而又沒有損害生產技術上的別具一格之處。然而，如果其
競爭廠商積極奉行成本領先戰略，皇冠公司要同時做到低成本
和別具一格的任何嘗試都註定會使它夾在中間。皇冠公司的競
爭廠商們早該利用這種不會損害別具一格形象的降低成本的機
會了。

　　雖然夾在中間的競爭廠商們可以容許一個企業對別具一格
和低成本兼而有之，但這種狀況往往是暫時的。最終總有一個
競爭對手會選擇一種通用戰略，並認真地實施它，解決成本和
別具一格之間的權衡取捨的問題。因而，企業必須選擇它打算
長期保持的競爭優勢的形式。企業面對軟弱的競爭對手時的危
險在於，它會開始在其成本地位或別具一格形象之間作出讓
步，以期兩者兼得，而使自己處在很容易受到一個精明能幹競
爭對手的攻擊的地位。

2.成本受市場佔有率或產業間相互關係的強烈影響

　　當成本地位在很大程度上取決於市場佔有率而不是產品設
計、技術水準、提供的服務或其他因素時，成本領先和別具一
格也有可能兼而有之。一個企業如果能獲得一個大的市場佔有
率優勢，那麼它在某些活動中佔有率的成本優勢，使它可以在
別處產生附加成本額，並仍然保持淨成本額的領先地位；或者
相對於競爭廠商而言，該佔有率會降低建立別具一格形象的成
本。在一種與此有關的情況下，當產業之間存在著重要的相互
聯繫，而只有一個競爭企業可以加以利用，別家無法做到時，

成本領先和別具一格也能兼而有之。獨此一家的相互聯繫可以減少樹立別具一格的形象的成本，或抵銷其較高的成本。然而，在追求成本領先地位和別具一格的形象上腳踏兩隻船總是容易受到選定一種戰略並積極投資實施，以期與佔有率或相互聯繫相匹敵的精明能幹的競爭廠商的攻擊。

3. 企業首創一項重大革新

　　採用一項重要的技術革新可以使企業降低成本，同時又提高別具一格的形象，或許能做到兩種戰略兼而有之。正像引進新的信息系統技術來管理後勤或在電腦上設計產品一樣，引進新的自動化製造技術可以收到這種效果。與技術無關的創新也可以收到這種效果，例如與供應廠商建立合作關係可以降低投入成本，提高投入品質。然而，具有低成本和別具一格二者兼得的能力是屬於擁有革新成果的那一個企業的。一旦競爭廠商也引進了革新成果，它又落到了必須做出權衡取捨的地步。例如，企業的信息系統設計與競爭對手相比是側重成本還是側重別具一格的形象？革新首創企業在同時追求低成本和別具一格的過程中，如果不認識存在著模仿其革新的可能性，企業就可能處於不利的地位。選定一種通用戰略的競爭對手一旦能與這種革新技術並駕齊驅時，企業就可能在低成本和別具一格的形象上兩者皆失。

　　企業應始終如一地積極進取，追求一切降低成本而又不必犧牲別具一格形象的機會。企業也應追求一切代價不大的可以樹立別具一格的形象的機會。然而，除此之外，企業應有準備去選擇其最終競爭優勢的形式，並相應解決權衡取捨的問題。

(二)通用競爭戰略的風險

一個通用戰略除非對競爭對手來說是可以持之以久的，否則就不會帶來高於平均水準的效益。改善產業結構的措施那怕是模仿性的，也有可能提高整個產業的盈利能力。三種通用戰略的持久性都需要企業的競爭優勢能經得住競爭對手的行爲或產業發展的考驗。各種通用戰略都包含著不同的風險，具體見表 7-3。

表 7-3　通用競爭戰略的風險

成本領先的風險	別具一格的風險	集中一點的風險
成本領先的地位無法保持	別具一格的形象無法保持	集中一點的戰略被人模仿
・競爭廠商的模仿	・競爭廠商的模仿	目標市場結構變得毫無吸引力
・技術變革	・作爲別具一格形象的	・結構被破壞
・成本領先地位的其	基礎對客戶的重要性	・需求消失
他基礎遭到削弱	下降	廣設目標的競爭廠商佔領了部份市場
別具一格的相應地位喪失	成本中的相應地位喪失	・該部份市場和其他部份市場的區別縮小
成本集中的廠商在部份市場上取得了更低的成本	別具一格集中的廠商在部份市場上取得了更加別具一格的形象	・多品種生產的優勢增加
		新的集中一點的廠商進一步使產業市場細分化

通用戰略的持久性需要企業擁有某些使其戰略難以被模仿效法的障礙。然而，由於防止模仿效法的障礙並非不可克服，企業通常就要通過投資不斷改善自己的地位，給競爭廠商提供一個移動的目標。每一種通用戰略也都是其他戰略的一個潛在威脅。例如，如表 7-3 所示，採取集中一點戰略的企業必須注

意廣設目標的競爭廠商的行動，反之亦然。

　　表 7-3 可以用於分析如何向一個採用一種通用戰略的競爭對手進攻。例如，進攻全面奉行別具一格戰略的企業，可以是那些打開了大的成本缺口，縮小了別具一格程度，把客戶要求的別具一格形象轉移到了其他方面或集中一點的廠商。每一種通用戰略都容易遭到採用不同類型戰略企業的攻擊。

　　在某些產業裏，產業結構或競爭廠商的戰略排除了獲取一種或多種通用戰略的可能性。例如，有時根本不存在使一個企業獲得重要成本優勢的可行方式，因爲在規模經濟、原材料貨源或其他決定成本的因素方面，若干廠商的處境不相上下。同樣，在細分市場甚少或細分市場之間區別甚微的產業裏，如低密度聚乙烯業，採取集中一點戰略的機會是微乎其微的。因而，通用戰略的組合因產業而異。

　　然而，在許多產業裏，只要企業奉行不同的戰略，或者爲別具一格或集中一點的戰略選擇不同的基礎，這三種通用戰略就能共存並贏利。產業中有若干個實力強大的廠商在奉行著以不同的客戶價值來源爲基礎的別具一格的戰略，這種產業往往是獲利尤多的。這有助於改善產業結構和形成穩定的產業競爭。然而，如果兩個或更多的廠商選擇奉行同樣基礎上的同樣的通用戰略，其結果可能是一場曠日持久而又得不償失的混戰。最壞的情況是幾家廠商爲全面的成本領先地位而爭鬥，於是，競爭對手們過去和現在選擇通用戰略對企業可作的選擇和改變其地位的代價都具有影響。

　　通用戰略的思想所依據的前提是取得競爭優勢有多種途

徑，這又取決於不同產業結構的具體情況。在一個產業裏，如果所有廠商都遵循競爭戰略的原則，那麼每個企業都會把競爭優勢建立在不同的基礎上，儘管並非所有的廠商都能成功，但通用戰略爲獲得超額效益提供了可供選擇的途徑。某些戰略計劃設想僅僅狹隘地依據取得競爭優勢的一種途徑。最爲突出的是依據成本戰略。這種設想非但不能解釋許多企業成功的原因，而且還將一個產業裏所有的廠商都引向以同樣的方式追求同一種形式的競爭優勢，其結果一定是一敗塗地。

心得欄 _____

_____

_____

_____

_____

_____

第 八 章

企業戰略案例

一、阿迪達斯公司的發展歷史

20 世紀 70 年代初期，阿迪達斯制鞋公司在跑鞋製造業佔居統治地位。此時正值跑鞋需求量大幅度增加的前夕。隨後幾年間，準備從事跑步或散步活動的成千上萬的人，以及不參加跑步鍛鍊的數百萬人，都開始穿用跑鞋。因爲跑鞋不僅穿著舒適，而且還是健康而年輕的象徵——這是大多數人嚮往的形象。

阿迪達斯公司是否充分利用了本世紀這種跑鞋銷售的大好時機呢？沒有。阿迪達斯公司低估了美國市場（在世界其他地方的鞋市上它仍佔居統治地位），這是典型的估計失誤之一。更糟糕的是，它低估了美國競爭者對市場的介入和攻勢。這些競爭者都是 70 年代初崛起的新興企業，不消幾年，阿迪達斯制鞋公司便被電腦行業之外發展最快的企業之一——耐克公司甩在後面。

二次大戰之前，阿道夫‧達斯勒與魯道夫‧達斯勒兄弟倆就開始在德國做鞋。創業者是阿道夫（他家裏的人稱他爲「艾迪」），魯道夫是經銷人，銷售阿道夫的產品。兄弟倆起初沒幹出什麼名堂，但在 1936 年取得了重大進展。傑西‧歐文斯在奧運會上就是穿著他們製作的運動鞋，在希特勒和德意志民族以及全世界面前贏得了數枚金牌。著名運動員穿公司的鞋，對公司是很有利的，這使阿迪達斯公司，以及其他運動鞋製造商，從此開始實行一種新的銷售戰略。

1949 年，兄弟倆鬧翻了，從此兩人在外面從不搭話。魯道夫帶著一半工具設備，離開阿道夫，到城市另一邊建立了普馬制鞋公司，阿道夫在現有企業基礎上建立了阿迪達斯公司（「阿迪達斯」源於他的教名的愛稱和他的姓氏中的前 3 個字母）。魯道夫的普馬公司從來沒有趕上阿迪達斯公司，但卻居世界第二位。

阿道夫在跑鞋方面有許多革新，如四釘跑鞋、尼龍底釘鞋和既可插入也可拔出的鞋釘。他還發明了一種鞋釘的排列組合有 30 種變化的鞋，這種鞋可使運動員適應室內、室外跑道以及天然地面或人工地面的多種需要。

阿迪達斯公司製作的鞋品質優、品種多，因而在影響廣泛的國際體育活動中佔居統治地位。例如，在蒙特利爾奧運會上，穿阿迪達斯公司製品的運動員佔全部個人獎牌獲得者的 82.8%，這使公司「一舉成名天下知」，銷售額上升到 10 億美元。

但是，以後競爭者相繼湧入這個市場。1972 年之前，阿迪達斯公司和普馬公司佔有了運動鞋的全部市場。儘管這種狀況

一直在變化，阿迪達斯公司似乎已成為不可超越的尖兵。它不僅生產供各類體育活動使用的鞋，而且還增加了與體育有關的其他用品，如短褲、運動衫。便服、田徑服、網球服和泳裝、各類體育甩球、乒乓球拍和越野雪橇以及流行的體育挎包，這種挎包上印著「阿迪達斯公司」這種醒目的標誌。

由阿道夫兄弟開創的市場行銷策略已對整個制鞋業產生了具有指導意義的影響。阿迪達斯長期以來一直把國際體育競賽當作檢驗產品的基地。許多年來，這些運動員的回饋信息對公司改變和改進鞋的設計具有重大的指導作用。公司與專業運動員簽訂合約，讓他們使用公司的產品。然而，阿迪達斯公司的獵獲對象是國際性體育比賽和奧林匹克運動會。而這些方面的參賽者都是業餘運動員，因而，這種背書合約常常是與國家體育協會而不是與個人簽訂的。在阿迪達斯和普馬公司的帶動下，與運動員簽訂背書合約已很普遍。

例如，國家籃球協會的運動員，每人至少與一家制鞋商訂有合約。今天，背書合約的現行率從 500 美元到 150000 美元。運動員在各種公開場合還須穿用公司的某一種產品。公司為背書合約耗費的廣告費約佔預算的 80%，其他 20%花費在媒介廣告上。各製造商發明的獨特標記是這些背書合約發生效力的關鍵。這種標記能使人們立即辯認出這是那家公司的產品。因而，著名運動員對產品的實際使用情況可被體育愛好者和可能的消費者耳聞目睹。此外，這些標記也使衣物挎包之類的商品種類多樣化起來。

為儘快增加產量，公司到南斯拉夫和遠東等地區尋找能夠

大量地低成本製作運動鞋的加工廠。公司與這些國家一些中型
企業簽訂了特許生產協定，讓它們按公司的圖紙製造產品。這
樣，公司節省了建造工廠和購置設備的巨大開支，從而使成本
保持在適當水準。

最後，阿迪達斯公司還引導跑鞋業從各種競賽用鞋到訓練
用鞋，爲各類跑步者和各種跑步風格的人製造各種各樣的跑
鞋。阿迪達斯公司具有 100 多種不同風格和型號的跑鞋，這種
獨佔鰲頭的局面，直到後起之秀耐克公司衝上來，佔領美國市
場之後才改變。

二、70 年代的跑鞋市場

本世紀 60 年代末 70 年代初，跑鞋業呈現出一派繁榮的景
象。美國人對自己的身體健康狀況越來越關心。從前數百萬不
參加體育鍛鍊的人，此時也開始尋找鍛鍊的方法。

在整個 70 年代的 10 年中，參加散步的人數不斷增加。據
70 年代末估計，有 2500 萬到 3000 萬美國人堅持散步，還有 1000
萬人在家、上街都穿跑鞋。與此同時，制鞋商的數量也增加了。
原先只有阿迪達斯公司、普馬公司、台格公司 3 家，現在，新
加入制鞋行業的有美國的耐克公司、布魯克斯公司、新巴蘭斯
公司、伊頓尼克公司，還有 J·C·彭尼公司、西爾斯公司和康
弗斯公司。爲推銷這些製造商製作的鞋，像「運動員鞋店」、「雅
典運動員」鞋店和「金尼鞋店」這種特種商品商店如雨後春筍
般地迅速遍佈全國。迎合這個市場的各種新雜誌也迅速問世，

發行量不斷上升，如《跑步者的世界》、《跑步者》和《跑步時代》，它們專門給跑步者提供有關信息。

三、耐克公司競爭的介入

1.耐克公司的創立

　　菲爾·奈特是一位技術平庸的參加 1 英里賽跑的運動員，他的最好成績是 4 分 13 秒，差一點沒有進入世界級運動員（成績爲 4 分鐘）的行列。但他 50 年代末在俄勒岡大學受到著名教練比爾·鮑爾曼的訓練。鮑爾曼在 50 年代，隨著他年復一年地獲得破世界紀錄的長跑冠軍，使俄勒岡州尤金市名揚於世。他不斷地試穿各種運動鞋，他的觀點是，跑鞋重量輕一盎司，會對贏得比賽產生極不相同的結果。

　　在斯坦福大學攻讀工商管理碩士期間，菲爾寫了一篇論文，指出日本人能夠以他們製造照相機的方式製造運動鞋。1960 年獲學位後，奈特前往日本，到奧尼楚卡公司申請在美國銷售泰格爾跑鞋的資格。回到美國時，他把該公司製作的鞋的樣品帶給了鮑爾曼。

　　1964 年，奈特和鮑爾曼開始合夥。他們每人拿出 500 美元，組成布盧裏幫制鞋公司，爲泰格爾跑鞋生產鞋底。他們把成品放在奈特的岳父家的地窖裏，頭一年他們銷售了價值 8000 美元的進口鞋。白天，奈特在庫珀利布蘭德公司做會計，夜晚和週末，他沿街兜售運動鞋，大多數賣給了中學的體育隊。

　　最後，在 1972 年，奈特和鮑爾曼終於自己發明出一種鞋，

並決定自己製造。他們把製作任務承包給勞動力廉價的亞洲的工廠，給這種鞋取名叫耐克，這是依照希臘勝利之神的名字而取的。同時他們還發明出一種獨特標誌 Swoosh，它極為醒目、獨特，每件耐克公司製品上都有這種標記。在 1972 年俄勒岡州尤金市奧運會預選賽期間，耐克鞋在競賽中首次亮相。被說服穿用這種新鞋的馬拉松運動員獲得第四名到第七名，而穿阿迪達斯鞋的運動員則在預選賽中獲前三名。

1975 年一個星期天的早晨，鮑爾曼在烘烤華夫餅乾的鐵模中擺弄出一種尿烷橡膠。製成一種新型鞋底，這種「華夫餅乾」式的鞋底上的小橡膠圓釘，使它比市場上流行的其他鞋底的彈性更強。這種產品革新——看上去很簡單——最先推動了奈特和鮑爾曼的事業。然而推動耐克公司在美國市場上跨入最前列的真正動力主要的還不是產品革新而是仿造。耐克公司以阿迪達斯公司的製品為模型進行仿造，結果，仿造者戰勝了發明者。

2.耐克公司的進攻

鮑爾曼發明的「華夫餅乾」鞋底大受運動員歡迎。因而，隨市場行情轉好，這種鞋底在 1976 年的銷售額達到 1400 萬美元，而這前一年的銷售額為 830 萬美元，1972 年僅為 200 萬美元。

耐克公司由於精心研究和開發新樣式鞋的工作在制鞋業中處於領先地位。到 70 年代末，耐克公司的研究和開發部門僱用的研究人員將近 100 名。公司生產出 140 多種不同式樣的產品，其中某些產品是市場上最新穎和技術最先進的，這些樣式是根據不同腳型、體重、跑速、訓練計劃、性別和不同技術水準而

設計的。

　　到 70 年代末和 80 年代初，市場對耐克公司的需求已十分
巨大，以至於它的 8000 個百貨商店、體育用品商店和鞋店經銷
人中的 60%都提前訂貨，並常常為貨物到手等待半年之久。這
給耐克公司的生產計劃和存貨費用計劃的完成提供了極大的方
便。表 8-1 是耐克公司銷售額增長情況統計，其銷售額在 1976
年為 1400 萬美元，僅半年後便上升到 69400 萬美元。

表 8-1　耐克公司銷售額增長情況（1976～1981）

年份	銷售額（百萬美元）	與上年相比的百分比變化
1976	14	
1977	29	107%
1978	71	145%
1979	200	182%
1980	370	35%
1981	458	70%
1982	694	34%

　　表 8-2 是 1979 年初美國市場的佔有情況統計，耐克公司的
市場為 33%，居市場佔有者之首。兩年之後，它更遙遙領先，
其市場已達近 50%。阿迪達斯公司的市場則減少了，不僅大大
低於耐克公司，而且像布魯克公司和新巴蘭斯公司這樣的美國
公司也成為使它擔憂的對手。

　　在 1982 年 1 月 4 日出版的《福布斯》1982 年版中，「美國
產業年報告」把耐克公司評為過去 5 年中贏利最多的公司，位

居全部行業中所有公司之首。

表 8-2　美國跑鞋市場

公司	佔美國全部市場的百分比
耐克	33%
阿迪達斯	20%
布魯克	11%
新巴蘭斯	10%
康弗斯	5%
普馬	5%

四、耐克公司獲得成功的因素

　　毫無疑問，耐克公司在本世紀 70 年代面臨極爲有利的初始需求。耐克公司利用了這種有利條件。其實，大多數跑鞋製造商在這些年間都獲得了可觀的收入。但耐克公司的成功遠非僅僅由於簡單地依賴有利的初始需求。耐克公司擊敗了所有對手，包括到那時爲止佔統治地位的阿迪達斯公司。耐克公司的成功，揭開了阿迪達斯公司、普馬公司和泰格爾公司等這些外國製造商常勝不衰的神秘性。

　　通過充分發揮潛力，耐克公司生產出比阿迪達斯公司種類更多的產品，開創了鞋型千姿百態的先河。生產範圍太寬也許會出現許多麻煩，也可能由於生產範圍過大而損害生產效率，從而使成本大大增加。許多人善意地建議公司縮小生產範圍，砍掉那些不過硬的產品，集中人力物力和注意力，爭取在競爭

中獲勝。在這裏我們可以看到耐克公司並未採取這種對策，然而它卻成為 70 年代最成功的公司之一，很顯然，它的經營策略與阿迪達斯不同。什麼是具有戰略意義的產品組合呢？

雖然耐克公司也許違背了某些產品組合觀念，然而讓我們看看它是怎樣違背和以什麼為代價的。通過提供風格各異、價格不同和多種用途的產品，耐克公司吸引了各種各樣的跑步者，使他們感到耐克公司是提供品種最全的跑鞋製造商。數百萬各式各樣、各種能力的跑步者都有這種觀念，這在一個飛速發展的行業裏，是一個很吸引人的形象。而且，在急速膨脹的市場上，耐克公司發現它能以其種類繁多的產品開拓最寬廣的市場。它可以把鞋賣給普通零售商，例如，百貨商店和鞋店，也可以繼續與特種跑鞋店做生意。甚至由於公司能供應各種型號和樣式的鞋——不同類型的零售店可得到不同樣式的鞋，這便各得其所，其樂融融——因此，該公司是唯一能適當關照銷售某些耐克鞋的廉價商店的公司。

型號繁多、每種產品生產量小，一般會使生產成本增加。但對耐克公司來說，這也許不是一個大問題。生產鞋的大部份任務承包出去了——約 85% 承包給國外的工廠，大多數是遠東地區的工廠。由於許多外國工廠按照合約生產部份產品，因而，各種產品生產量小對耐克公司來說是一個無足輕重的經濟障礙。

很早以前，耐克公司就開始重視研究開發和技術革新工作，公司致力於尋求更輕、更軟的跑鞋，並使之既對穿用者有保護性，也給運動員——世界級運動員或業餘愛好者——提供跑

鞋技術所能製作的最先進產品。

耐克公司重視研究和開發新產品，突出地表現在它僱用了將近 100 名研究人員，專門從事研究工作，其中許多人具有生物力學、實驗生理學、工程技術、工業設計學、化學和各種相關領域的學位。公司還聘請了研究委員會和顧問委員會，其中有教練員、運動員、運動訓練員、設備經營人、足病醫生和整形大夫，他們定期與公司見面，審核各種設計方案、材料和改進運動鞋的設想。其具體活動有對運動中的人體進行高速攝影分析、運動員使用臂力板和踏車的情況分析、有計劃地讓 300 名運動員進行耐用實驗，以及試驗和開發新型跑鞋和改進原有跑鞋和材料。1980 年用於產品研究、開發和試驗方面的費用約為 250 萬美元，1981 年的預算將近 400 萬美元。對於像鞋子這樣非常普通的物品，進行如此重大的研究和開發工作，可謂是空前絕後了。

在經營策略上，耐克公司沒有多少標新立異，在很多方面它還是沿襲了阿迪達斯公司幾十年前樹立起來的制鞋業公認的成功市場策略。這些策略主要是：集中力量試驗和開發更好的跑鞋；為吸引鞋市上各方面的消費者而擴大生產線；發明出印在全部產品上的、可被立刻辨認出來的明顯標誌；利用著名運動員和重大體育比賽展示產品的使用情況。甚至把大部份生產任務承包給成本低的國外加工廠，也不單是耐克公司一家這樣做的。但耐克公司運用這些早已被證明行之有效的經營技巧可謂得心應手，比它的任何對手，甚至阿迪達斯公司運用得更好和更有攻勢。

五、阿迪達斯公司的失誤──問題出在那裏

　　無疑，阿迪達斯公司對跑鞋市場的增長情況估計不足。對於一家有 40 年制鞋歷史，並且在這些年間總是看到穩定的低速增長的公司來說，面對「繁榮」局面，對其程度和持久性抱懷疑態度，似乎是理所當然的。而且並非只有阿迪達斯對市場機會判斷有誤。幾家歷來擅長經營低價運動鞋的公司，如著名的康弗斯公司和尤尼祿亞爾‧克茨公司在向市場推出新式運動鞋和革新制鞋技術的競爭中，也不知不覺地被人迎頭趕上。那些較大的網球鞋和旅遊鞋製造商(康弗斯公司生產 2/3 的美國籃球鞋)對市場潛力的估計也有嚴重失誤，因而未在這個方面下大力氣，直到它們被耐克公司和其他幾家美國製造商遠遠甩在後頭時，才如夢初醒。除對市場潛力估計失誤以外，很明顯，阿迪達斯公司也低估了耐克公司和其他美國製造商的攻勢。也許這是耐克公司取代阿迪達斯公司領先地位的重要原因。

　　然而，在許多生產線上，外國公司畢竟已獲得了本國公司所沒有的神秘性和吸引力。那麼，實際上是白手起家的小小的美國製造商怎麼竟然能夠對具有 30 多年歷史又經驗豐富的阿迪達斯公司構成嚴重威脅呢？因此，把這一家美國公司看作充其量不過是虛弱的機會主義者。耐克公司比其他制鞋公司略高一籌的是，它瞅準機會，抓住不放，發起攻擊。這種事件的發生在很大程度上，也許不是阿迪達斯公司的失誤，而是耐克公司的驕傲。但我們對阿迪達斯公司在耐克公司的進攻過程中所

作的努力仍然可以提出懷疑。阿迪達斯公司難道不應該在這種極易進入的行業保持更高的警惕性嗎？誠然，它無論技術要求還是工廠投資費用，畢竟都不足以阻止其他公司進入這個領域。然而，這位領先者難道看不出這種產品容易引起競爭——尤其在市場以幾何級數增長的情況下——因而主動採取行動阻止這種現象發生嗎？加強推銷工作、引進新產品、加強研究和開發工作、精心籌劃價格策略、不斷擴大推銷管道——這些行動也許不能阻止競爭，但卻能給這位市場領先者提供雄厚的財力(這些財力可使公司減少損失)。可惜阿迪達斯公司直到統治地位受到嚴重侵害時才採取進攻性的反擊行動。

六、應吸取經驗教訓

這個案例提供正反兩方面的經驗教訓，一是耐克公司的成功經驗，一是阿迪達斯公司的失敗教訓。耐克公司獲得成功，主要不是由於它對銷售工作進行了革新研究，或由於它發現了其他任何人都沒看到的銷售機會，抑或比那些運氣不佳的對手在推銷和廣告宣傳方面投入了更多的資金。耐克公司成功的關鍵因素是卓有成效的仿效。

當然，仿效必須審慎而行。被仿效的市場戰略應當是最最行之有效的、在歷史上取得重大成就的戰略。就跑鞋市場來說，長期以來阿迪達斯公司所施行的市場戰略，是生產型號多樣的鞋、在重大體育競賽中讓運動員穿用帶有公司標誌的產品、不斷使產品更新換代——這些幾乎是不能更改的市場戰略，所有

跑鞋製造商都遵循這同一戰略——只是耐克公司做得更好一些罷了。

一個公司在仿效上所要下的功夫是發展自己的個性。仿效並不意味著製造與別人完全相同的產品。只有那些成功的決策、標準和行為才是真正應該仿效的。此外，必須充分發展自己與眾不同的個性特徵和標記並建立善於抓住各種新機會的組織機構和管理部門。

最後，在這案例中我們可以看到所謂市場優勢和在市場上佔居第一位是多麼脆弱。任何公司，不論在市場是否佔居領先地位，都不能依賴它的名聲而無視發展變化著的外部環境和強大對手的攻勢。阿迪達斯公司曾在制鞋業居於領先地位，正像國際商用公司在電腦行業中的地位一樣。但阿迪達斯公司放鬆了警惕。從而在關鍵時刻攻勢變弱了。

競賽跑前面的人很容易自滿自大，在這裏我們所看到的情況就表明了這一點。急劇增長的原始需求，使公司刀槍入庫，馬放南山，放鬆了警惕。這期間，這位制鞋業領先者的銷售額迅速上升，這使自滿自足情緒油然而生。但這種迅速增長的銷售額可能掩蓋著行銷下降的趨勢，競爭者正在侵吞這個佔統治地位公司的利益，獲取重大收益。最終，優勢轉到一個或更多的現時強大的競爭者手中。先前佔統治地位的那家公司也許再不能東山再起，重新佔據領先地位了。一個公司的成功也許是另一個公司的錯誤造成的——與其說是被代替不如說是失職——沒有採取或至少直到很晚才採取必需的行動。

第 九 章

企業戰略的實施

　　企業戰略在未付諸實施之前，只是紙面上的或人們頭腦中的東西，只有認真地予以實施，才能轉化爲有效的戰略行動。一個經過最巧妙的構思所形成的最準確的戰略，如果不能成功地實施，事實上也沒有任何價值。因此，戰略專家時常告誡人們，戰略實施要比戰略制定重要千百倍。

一、重點在於執行

　　制定戰略是困難的，但成功地實施戰略甚至是個更爲複雜的任務。戰略的好壞與戰略實施的成敗，相互組合，會形成四種不同的結果（圖 9-1）。其中最理想的情況是，成功地實施了一個很好的戰略，從而實現了企業使命；而最槽糕的情況是，既沒有好的戰略，也沒有實施戰略的有效途徑，因而什麼目的也沒有達到。

圖 9-1　戰略與戰略實施的組合

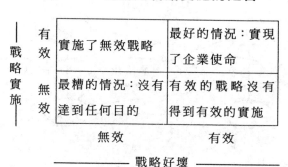

戰略實施 ──
有效：實施了無效戰略 ／ 最好的情況：實現了企業使命
無效：最糟的情況：沒有達到任何目的 ／ 有效的戰略沒有得到有效的實施

無效　　　　有效
── 戰略好壞 ──

　　其實，許多企業往往過份重視戰略的制定過程，而忽視戰略管理流程中最重要的實施環節。經營的失敗往往不是因為沒有好的戰略，而是因為好的戰略沒有得到很好的實施，往往依賴於紙上的戰略方案，而不注意實施中根據環境條件的變化採取相應的變通措施。「亞細亞」就是一個很典型的案例。

　　企業的發展和管理要重在實踐，企業不能僅僅依靠戰略規劃，即使有好的戰略，也要因地制宜、因時制宜地實施，正所謂「三分策劃，七分實施」。

　　戰略實施是將戰略方案轉化為戰略行動並取得結果的過程，可以通過許多不同的途經。大多數管理者認為，7S 理論對實施戰略的主要管道進行了高度的概括總結，是很有參考價值的。7S 理論認為：組織結構(Structure)、資源配置系統(Systems)、領導風格(Styles)、員工(Staff)、技能(Skills)、企業文化(共有的價值觀念 Shared Values)及戰略(Strategy)必須相互配合才能使戰略實施取得最佳效果(圖 9-2)。

圖 9-2　7S 理論

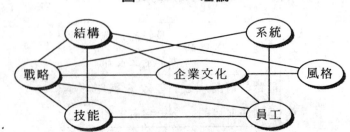

二、企業組織要與戰略相配合

　　企業戰略實施的成敗，在很大程度上依賴企業內部是否具有相匹配的組織。

　　著名管理學家錢德勒曾對美國 70 家大公司，特別是通用汽車公司、杜邦公司、新澤西標準石油公司的經營發展歷史進行了研究，發現各個公司在處理戰略與組織結構的關係上有一個共同的特點，即在企業選擇了一種新的戰略之後，由於管理人員在現行結構中擁有既得利益，或不瞭解經營管理問題以外的情況，或對改進企業組織結構的必要性缺乏認識，使得現有組織結構未能立即適應新的戰略而發生變化，直到管理出現了問題，企業效益下降了，企業才不得不將改變組織結構問題納入議事日程。而一旦組織結構改善了，企業戰略也得到了有效實現，企業的獲利能力也跟著大幅提高。由此，錢德勒得出了一個著名論斷，即企業組織結構要服從於戰略，組織結構是為戰略實施服務的。

　　安索夫也認為，環境、戰略及組織結構均可以劃分為五種

類型,即穩定型、反應型、先導型、探索型及創造型(表 9-1),只有當環境、戰略模式和組織結構三個要素協調一致並相互適應時,企業戰略才會取得成功。如果環境是穩定型的,而你採取了創造型戰略,那麼到頭來必然會失敗;如果組織是反應型的,而你突然採取創造型戰略,那麼就會遭到組織的抵抗。因此,五種類型的戰略必須與五種類型的環境與組織結構相對應。

表 9-1　環境、戰略及組織結構的類型

		穩定型	反應型	先導型	探索型	創造型
	環境的穩定性	很穩定	穩定	不太穩定	不穩定	很不穩定
環境因素	企業適應外界環境的能力	以現有的能力可以適應	稍微調整現有能力可以適應	擴大現有能力才能適應	重新配備能力	必須開發新的能力才能適應
	外界環境變化的速度	很慢	慢	中等	稍快	快
	企業對外界環境變化的反應速度	很慢	慢	中等	快	很快
戰略模式	產品與市場戰略	在原有產品/市場上路步不前	向最鄰近產品和市場擴張	向相關的產品和市場發展	向海外市場發展,同時開發新產品	開拓新市場,創制新的高技術產品
	市場佔有率	僅能在現有市場上維持	努力保持已有的市場佔有率	爭取擴大市場佔有率	努力擴大市場佔有率	開拓新市場
組織結構	組織結構形式	直線制	直線職能制	事業部制	事業部制跨國經營	集團企業或柔性組織,矩陣組織
	企業管理方式	手工式的管理	目標管理	長期計劃管理	戰略計劃管理	風險經營管理
	企業領導工作的重點	作業研究	財務比率分析	產品的經營	資產經營	風險投資及高技術產品的開發

續表

	領導者的形象	企業的保護者	企業的領導者	企業的開拓者	企業家	具有冒險精神的天才的創造者
組織結構	企業管理的重點	生產活動爲中心	經營決策爲中心	經營戰略決策爲中心	經營戰略決策爲中心	風險型決策爲中心
	研究與開發部門的工作	改進技術	改進產品	開發相關新產品	開發新產品	開發高技術產品
	市場行銷部門工作	僅限於產品流通	推銷產品	產品的市場行銷	產品的經營及資產經營	產品的經營與資產經營
	財務部門的工作	會計	財務監督	財務計劃	資金籌措	風險管理

概括地說，組織結構對戰略實施的重要性主要體現在下述三個方面：

1.有效的組織結構規定了各層次管理者分配和使用企業資源的權力，確立了必要的管理控制權威線，從而明確企業各層次管理人員各自的職責，有利於組織內部建立起管理控制秩序。

2.有效的組織結構規定了企業內部各單位、各崗位之間的分工合作，從而能夠增強全體成員協同完成企業目標的可能性。

3.有效的組織結構規定了企業內部各單位、各成員之間的聯繫溝通管道，從而能夠確保企業各類信息的準確、快速傳遞，有利於提高企業的應變能力。

那麼，企業組織如何適應戰略發展的需要呢？從靜態來看，企業組織結構適應戰略發展的標準有三個：首先是組織結構能產生企業的共同願景，也就是說，企業組織結構設計要具有爲企業全體員工提供共同理想的聚焦作用，能夠促使企業內諸多個體行動都統一到企業理想藍圖上來。有了共同願景還不

夠，還要使組織結構能正確反映企業的發展趨勢，很好地體現企業戰略方向，這樣才能使企業向著既定的戰略目標前進。企業組織結構實現了「共同願景」和「反映企業的發展趨勢」之後，還必須使全體員工能產生一種積極進取並保持壓力緊張感的精神張力，使其不斷上進，永葆活力。這三個標準，相互作用，缺一不可。如果沒有共同願景，則體現不出企業的發展趨勢，精神張力也無從談起；如果不能反映企業的發展趨勢，則共同願景很可能產生誤導，精神張力也可能產生副作用；同樣，如果缺乏精神張力，則組織遲早會鬆懈，並養成惰性，企業的共同願景和發展趨勢也會因懈怠而付之東流，功虧一簣。

　　從動態來看，企業組織結構又是如何隨戰略變遷來進行調整的呢？一般來講，一個企業總會有一個產生、發展、壯大、衰退、終結的生命週期過程。如果我們將企業發展的不同戰略階段與企業組織結構聯繫起來，就可以很方便地給出企業組織結構從簡單結構到複雜結構的連續演變過程，從而有助於對企業組織結構的發展變化趨勢，作出比較全面的瞭解。

　　當企業規模很小時，業務單一，企業戰略的重心在於提高效率、降低成本。這時，企業往往採取最簡單的結構，企業主或高層領導者直接領導下屬員工(圖 9-3)。

圖 9-3　簡單結構

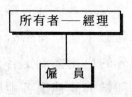

當企業規模有了一定的發展後，企業戰略重點在於數量擴張從而實現規模經濟，這時，由企業主直接領導所有下屬員工就有了一定的困難，企業往往會根據傳統的行銷、生產、財務、人事、技術、技術、採購、供應、計劃等職能來劃分戰略責任，進行任務分解，建立相應的職能部門，形成職能型結構。這種組織結構的主要優點是考慮了職能內部的專業化性質，有利於把決策權集中在最高管理層手中；但是，也正因爲決策權的高度集中，所以容易導致企業內部相互協調和信息交流的困難，也不利於培養高層管理人員。這種結構適用於僅在一個行業內從事經營的企業，例如美國 IBM 公司在其創立的最初 40 年內，都是採用這種結構的（圖 9-4）。

圖 9-4　職能型結構

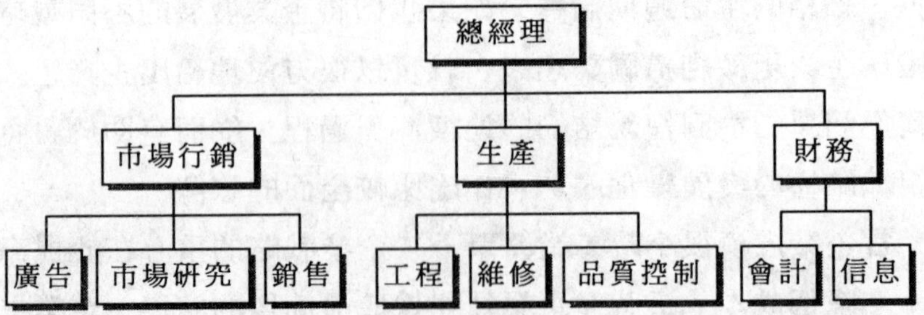

當企業產品市場的地域分佈進一步廣泛，以致於必須按地理區域建立經營單位時，企業的戰略重心在於追求市場區域的分佈。這時，企業往往會採取地域性組織結構。各地區的經營單位，儘管仍需向總部報告，並在符合公司總體政策的前提下開展業務，但是卻有充分的自主權制定各自的計劃，以滿足特定區域市場的需要。這種結構能適應各地區的競爭情況，有利

於協調一個地區內生產、市場行銷和財務活動，同時把權力和責任授予下級管理者，有利於培養高層管理人員。當然，這種結構容易導致區域獨立化，形成諸侯割據，從而給企業保持內部方針政策的一致性增加了困難。這種結構主要適用於產品或服務在各地區大致相同並按地區進行分散經營的企業。

圖 9-5　地域型結構

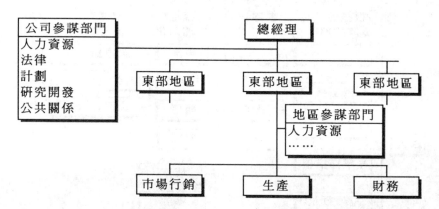

企業不僅在區域市場方面，而且在產品與業務範圍方面，分佈都相當廣泛，已經擁有兩個以上對企業利潤作出重大貢獻的產品或業務領域，企業的戰略重心在於實現產品線的多樣化發展。這時，企業通常會採取按業務領域實行多事業部的 M 型結構，讓每一個業務領域都擁有獨立決策的權力和責任，公司總部則只集中與保留一些會計核算與投資方面的決策權力。這種結構允許企業每個成員與特定的產品或服務相聯繫，允許把每類產品或服務作為一個利潤中心，因而有利於發揮團體的協作精神，也有利於推動多樣化經營。

如果各事業部都過於注重自身的發展，而企業資源分配又

控制不當，那就容易造成諸如設備重覆購置、人員配備過多等與整體利益不一致的結果。這種結構主要適用於產品或服務多樣化且互不相涉的企業,美國大陸電話公司就採用這種結構(圖9-6)。

圖 9-6　多事業部結構

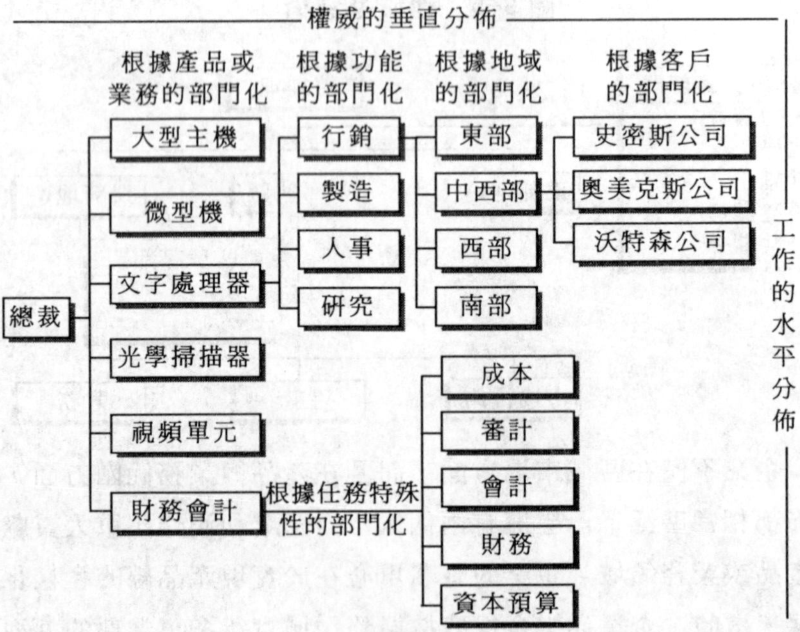

當企業發展到一定戰略階段，在企業內部產生了必要的雙重領導，企業內部資源相互借用，企業運營的不確定性、複雜性及相互依賴程度增強,需要更有效地處理信息和決策。這時,企業多採用矩陣式組織結構。在這種結構中，員工往往會有兩個上司，一個負責著職能部門，一個負責著產品或服務。矩陣式組織結構集中了職能型和多事業部兩種結構的優點，能使產

品經理把注意力集中在變化迅速的市場上，但是當職能經理與產品經理在權力和責任問題上出現重疊時，經常會發生矛盾。這種結構對那些在迅速變化的市場上採取進攻性戰略的企業以及管理複雜的大型企業比較適宜，美國的一些大公司如通用電器公司、杜邦化學公司都採用這種結構(圖 9-7)。

圖 9-7　矩陣式結構

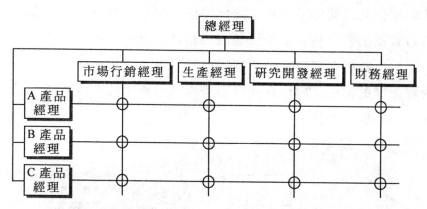

當企業內部更加強調成員之間共用權威，讓更多的員工參與民主管理與決策時，企業的組織結構往往按團隊式設計。現在，越來越多的組織正在採取這樣或那樣類型的團隊去實現其目標。除了那種將工作小組改組成團隊的傳統團隊管理辦法外，組織還發展出如任務團隊、項目團隊、跨職能團隊和消費者/供應商團隊。任務團隊是大家爲了實現一個特定的任務而走到一起的。項目團隊是爲了完成某個特定項目而組成的臨時性的團隊，它與任務團隊十分相似，但項目通常要涉及比較大的工作範圍，而且要花更長的時間完成。

　　跨職能團隊是爲了集中大家的智慧來解決共同問題而專門

抽調各個不同職能的隊員組成的任務或項目團隊，跨職能團隊在產品項目的開發中十分常見，能夠減少從設計到最終產品所需時間，能使產品設計變得更爲容易製造，並保證整個流程的效率。消費者/供應商團隊可以是任務、項目或跨職能的團隊，它還將包括消費者/供應商在內，這種團隊有利於更好地迎合消費者的需要，有利於清晰地向供應商表明公司的需要。

當企業之間爲了實現共同目標進行項目合作時，常常採用聯盟式結構。這種結構正日益成爲組織設計中的流行模式。

以上結構類型中，前四種可以統稱爲金字塔結構，只是因管理控制的幅度不同而存在扁平程度的差異，圖 9-8 概括了這些結構的典型性質。

圖 9-8　適應不同戰略階段的組織結構

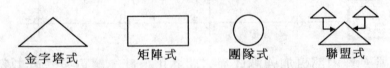

| 金字塔式 | 矩陣式 | 團隊式 | 聯盟式 |

戰略制定者必須從中選取一種組織結構。企業一般採取金字塔式，但同時在金字塔式內部或圍繞著金字塔式也採取矩陣式、團隊式和聯盟式結構。在進行組織結構設計時除了考慮戰略和規模等因素外，還必須考慮下列問題：

1.採取有機型的結構還是機械型的結構

機械型結構的特徵是等級森嚴、權威至上、透明度少、自上而下的垂直型決策，強調對企業及企業管理層的忠誠。有機型結構是機械型結構的反面，特徵是重視參與、決策民主化、水平溝通和垂直溝通並存，強調對企業宗旨目標的忠誠，而不

是對管理者個人的忠誠。有機型結構的金字塔一般比較扁平，強調分權。對未來企業組織結構的最普遍的描述將會是召喚靈活的、可調整的、有機的形式，以便有能力應付消費者需求、競爭者戰略、技術、勞動市場等方面的巨大變化。僵化的、機械的組織將無法適應大多數組織將要面對的那種變化多端的外部環境，但它仍將適合於很少一些在保持穩定的環境下運營的企業。

2. 採取集權還是分權的結構

集權意味著大多數重要的組織決定由組織的高層經理們做出，而分權則意味著權威沿著等級層次分配，使處於各個不同層次上的經理都能夠參予重要的決策。集權和分權是一個連續體的兩端，在它們之間有著不同程度的授權。一般的看法是，分權制常常被用在對戰略決策會造成重大影響的複雜的外部環境中。但如果外部環境比較簡單，只有有限的幾個主要因素會被納入考慮，那麼集權就是可以接受的。此外，規模龐大的組織比小組織趨向於分權化，這樣可以加速決策並將決策授予距離所決策問題最近和掌握最多知識的人。

3. 從成本的角度看，什麼樣的結構是最合適的

目前許多西方公司採取了結構優化政策，通過組織再造工程，使金字塔趨於扁平，削減管理層次、裁減人員來提高效率，降低成本。

4. 有那些新手段可以使結構更優

目前新的手段有網路化、增強自主權、利用計劃控制系統、自主管理工作組、運用電腦、設立專門的組織結構等，甚至通

過電子數據交換系統(EDI)與客戶聯網，將企業的組織結構延伸到客戶的組織結構裏面。

三、有效的資源配置系統

企業在實施戰略過程中，應當有必要的資源保證，希望各種資源分配到最能支持戰略獲得成功的部門中去，否則戰略只能被看作美好的願望，並不能轉化為實際行動。然而在現實中，往往有一些因素影響著資源的有效配置，致使戰略的實施缺乏資源支持。

1.影響資源有效配置的因素

⑴資源保護機制

由於人、財、物各項資源都有專門部門負責開發、保護和管理，部門管理人員總會擔心因資源分配上的差錯而承擔責任，往往十分審慎地對待各部門的資源需求，不能及時地把資源分配到戰略最需要的部門中去。

⑵個人價值偏好

主管資源分配的管理人員的個人價值偏好與企業經營戰略一致時，資源分配便會按戰略預期進行；如果不一致，資源分配就會出現人為的障礙。

⑶互惠的政治交易

當重大戰略決策有利於某些部門時，這些部門的管理人員及其利益同盟就會積極支持該項決策；如果這些決策對他們不利，他們就會私下進行交易，結成利益聯盟，影響決策方向，

阻礙資源分配。

⑷戰略的不確定性

新戰略的實施結果難以確定，因此資源分配人員往往會有「等等再瞧」，願意進行比較安全可靠的短期資源分配，而不願進行長期資源分配。

⑸戰略的不完整性

戰略制定者在思考程序上存在缺陷，制定了實際上沒有資源保證的「空洞」戰略，或者對一些必要的資源預測不準，或者對企業現有的資源價值特別是無形資源的價值把握不準，從而造成資源的缺乏或浪費。這些因素都會使企業戰略與實際的資源分配嚴重脫節。為了理順戰略與資源配置的關係，確保戰略實施中必要的資源支持，應當建立有效的資源配置系統。

2.建立有效的資源配置系統

⑴要詳盡具體地制定戰略計劃，並按計劃分配資源

戰略計劃是戰略方案的分解和展開，對每一個階段的目標、措施、步驟都有明確的時間表及資源投入量要求。按戰略計劃分配資源能確保資源供應的穩定性。當然，戰略實施是一個動態過程，資源安排要有適當的靈活性，要有餘地，在必要時應定期地進行檢查評審，從而始終保證資源配置的優化合理。

⑵要制定專門政策，明確資源分配必須有助於戰略的實施

要規定每項資源需求的申請都必須提交書面說明，用以闡明該項資源對實施現行戰略的影響。如果資源分配部門認為該項資源的分配無助於戰略的實施，就可以否決。這樣，既可以使每項資源申請都依據戰略而提出，又可以使資源管理人員的

日常工作與戰略實施結合起來。

　　更為重要的是，要適應不斷變化的環境，形成資源與戰略之間的動態組合。因為，伴隨著戰略的展開，資源會不斷地被儲備，新的資源與現有資源交織在一起，形成將來資源的儲備，從而為將來的戰略奠定資源基礎，這就是戰略與資源之間的動態組合過程。為了實現這個動態組合過程，企業就必須考慮以下問題：

　　①企業的現在戰略和將來戰略能在多大程度上共同利用物質形態的資源？或者說現在戰略在運行中所儲備的物質資源能在多大程度上被將來戰略所利用？從這個要求出發，企業選擇現在戰略時，就應該考慮設定能使物質資源具有轉化可能性的必要條件。例如，企業在建立專用生產線時，必須考慮這種專用線能否及時被用於其他生產領域；如果不能，更新這套生產線需要作什麼樣的準備？

　　②企業的現在戰略和將來戰略之間如何銜接好流動資金需求？在多個產品領域內有時會同時需要大量資金，在同一產品領域的不同時期，時而要投入時而又會流回，那麼企業應當如何統籌安排呢？一般地說，企業在現在戰略中，應根據產品生命週期、市場規模及成長速度等因素，在不同產品與市場領域合理安排資金，做好現有戰略發展後的資金儲備，並在同一產品與市場領域的不同時間序列上求得資金的動態平衡。

　　③企業現在戰略運行中所產生的看不見的資源能在多大程度上被將來戰略有效地利用？企業在實施現在戰略時往往會積累許多寶貴的看不見的資源，比如銷售管道的建立、生產技能

的積累、企業形象的樹立等等。這些看不見的資源如果能有效地被將來戰略利用，那麼就會形成動態合力。因此，企業在戰略選擇上，應選擇無形資源較易積累的戰略，有時甚至有必要選擇一些現時看來表面上不盡合理、在一定程度上缺乏資源保證的戰略。

當資源分配方案確定以後，還應立即作出資源分配預算。預算是數字化的戰略計劃，是企業各種計劃的綜合反映，是一種通過財務指標來顯示企業目標、戰略的文件。

四、相應的領導模式

企業管理人員中，企業高層領導是組織戰略實施的核心力量。因此企業領導的素質和風格是否能夠適應戰略的需要，關係到戰略能否得到有效推行和實施。

一般地，戰略管理要求領導者必須是一個戰略家，具有敏銳的洞察能力，站得高，看得遠，能對未來的發展變化作出正確的判斷；具有隨機應變的能力，能迅速地理解並接受各種變化，願意主動積極地進行戰略調整或轉移；具有調控駕馭局面的能力，能超脫於一般管理，統領全局。除了這些一般能力要求之外，由於不同的企業戰略具有不同的戰略方向，每種戰略方向對領導者的素質和行為有特殊要求，因而要求與不同的領導風格或行為模式相適應。

我們將戰略方向區分為爆發式發展、積極地擴張、持續地發展、增加產量發展、鞏固現有經營成果等五種，那麼就要有

與之相應的五種領導風格或行爲模式，即開拓者、征戰者、謹
慎者、重效率者、守成者(表 9-2)。

表 9-2　領導風格類型

戰略方向	爆發性發展	積極地擴張	持續地發展	增加產量求發展	鞏固現有經營
領導風格	開拓者	征戰者	謹慎者	重效率者	守成者
素質特徵 遵從性	非常靈活，極富創造，偏離常規	有節制地不遵循常規，具有有利於新事物的創造性	遵守常規	教條、死板重視規章制度，格守程序	馴順，例行公事
社交	非常外向，很有鑑別力和魄力，易受環境左右，多疑	性格外向	性格溫和，與人友善，富於合作性	性格內向，程序性行事	內向，有修養，善於合作
能動性	極富能動性，過份積極好動，自由不羈	精力充沛，對情緒有很強的自製力	受目標驅使，穩重守信譽	受外界刺激不得已才做	按部就班過於理智
成功迫切性	性急、蠻幹，善於接受挑戰	性情平穩，考慮風險，穩步擴大	追求平穩發展，滿足於控制局面	反應性行動	維持現狀
思維方式	直觀，非理性，有獨創性	有理性但不刻板，不受框框限制	深刻，有條不紊，嚴肅認真專一	墨守成規不思變革	遵循以往經驗成權威意見
行爲特徵 風險態度	尋求新奇的冒險	尋求不同凡響的冒險	追求通常的冒險	承認通常的冒險	廻避風險
行爲傾向	致力於創造性活動	致力於創業性活動	致力於有計劃的反應性活動	致力於組織生產和控制成本	以慣例爲行爲準則
工作重心	著重於企業外部，屬外向型	傾向於企業外部，屬外向型	既重內部又重外部，屬平衡型	在企業內部，屬內向型	重覆企業內部以往的工作
領導藝術	依賴創造和超凡魅力	依賴嚴格的協調	依賴於目標誘導	依賴於獎懲與控制	重視指揮、命令、監督
時間傾向	創造企業的未來	指向可覺察的未來	指向可推測的未來	指向當前	以過去爲參照事，指向過去
工作方式	頻頻創造	頻頻思索	面對現狀，實現最優化	診斷	發現差錯，追究責任

續表

行為特徵	工作方法	腦力激盪法，風險管理法	收益分析、方案分析等	採取預測技術、最優化技術	採取投資分析、作業研究、技術革新等方法	著重採用作業研究、生產組織、財務管理等內部管理方法
	變革態度	接受未知的變革	接受間接性變革	漸近地接受	接受最低限度的變革	反對變革
	成功模式	依靠創新一企業家機能	征服競爭者，爭取一切機會	有效地擴大市場佔有率	生產高效率	穩定中求生存

　　由上可見，每項戰略都會對戰略管理者提出相應的要求。但是，由於觀念、素質、能力、性格和行為方式等方面的差異性，任何一位企業領導都不可能具備戰略所提出的全部要求。因此，企業應挑選和配備一些助手，共同組成戰略領導團隊，集中群體智慧，保證企業戰略的順利實施。

　　戰略領導團隊的組建應遵循五項原則：一是確認首要領導的原則，即根據環境條件和戰略所提出的各項要求，對照其觀念、經驗、能力、素質、性格特徵和行為方式，慎重選擇首要領導，這是保證戰略成功的關鍵。二是首要領導組閣原則，即為了避免權力鬥爭，避免管理內耗，有利於統一指揮，應賦予首要領導確定戰略領導團隊的其他成員的組閣權。三是能力匹配原則，即戰略領導團隊成員之間的素質、能力、性格等方面應該相互匹配，特別是要選擇那些具有首要領導不具備的能力的人員進入戰略班子。

　　領導並不是「萬事通」，但必須是善於用人的人。漢高祖劉邦深知其中的訣竅，他說，論帶兵打仗，我不如韓信；論管理錢糧，我不如蕭何；論運籌帷幄之內、決勝千里之外，我不如

張良。然三者皆人傑，吾能用之，此吾所以取天下者也。

　　四是協作原則，即戰略班子的人員要富有合作精神，切忌讓那些剛愎自用、不善合作、沒有集體責任感的人員進入班子；五是優化組合原則，即在選配戰略班子成員時，要從多種人員搭配方案中選擇最佳方案進行組建，實現優化組合。

　　根據這五項原則，就可以進行具體的組建工作了。當然，企業既可以直接由現任的企業領導團隊來擔負新戰略的管理實施；也可以在現有領導團隊基礎上進行重組，挑選企業內部一些優秀的具備新戰略所要求的能力的人充實到班子裏來；還可以從企業外部聘任相應人員，組成新的戰略領導團隊。這些方式各有利弊，要根據執行新戰略可能帶來的變化大小和企業過去經營業績的好壞來作選擇(圖 9-9)。

圖 9-9　戰略班子是否起用新人的選擇

執行新戰略可能帶來的變化	很大	有選擇的混合：當前管理者通過晉升或平調，使其技能與新要求匹配，否則就要通過引入外來者的方式尋求新技能和經驗。	扭轉：外來者在提供新的技能、士氣和熱情方面，表現出很大優勢。
	很小	平穩：為了保持並發展管理成效，最好內部提升管理者。	重新適應：外來者在克服劣勢、提高效率方面可能很有成績。如果通過晉升、平調或明確職責可提高效率，也可考慮起用現任管理者。
		很好	不好

企業過去的績效

　　如果企業為了扭轉長時間的經營不佳狀況，那麼選聘新人會更快更好地貫徹新戰略。因為，目前在職的管理者沒有或很少有執行新戰略所必要的經驗，相反卻可能會對新戰略產生抵觸情緒。而新人具有新的技能和知識，又沒有老班子的惰性，容易煥發活力，較少受到舊有的人際關係的影響，可更加超脫地推行新戰略，從而創造性地履行新使命。因此，一些閱歷豐富的企業家總是喜歡聘用部份新人來貫徹新戰略。

　　如果企業過去的戰略很成功，新戰略只是過去戰略的延伸，那麼最好延聘目前在職的管理者。因為，他們對自己的下屬和企業經營活動都很熟悉，與企業的各類利益相關者建立了良好的個人關係，對保持並發展原有的戰略成效以及貫徹新戰略，都將有極大幫助。

　　如果企業原來的業績不錯，但新戰略面對新市場、新環境，那麼可以採取有選擇地混合方式，一方面可以任用目前的管理者，使過去的傳統得以延續；另一方面也調入一些外來者，以補充新戰略所要求的知識和技能。

　　如果執行新戰略帶來的變化並不大，但企業過去的業績也不十分理想，其中的主要原因是企業基本素質太低，與戰略不相匹配，那麼組建戰略班子的目的，就在於如何縮小企業素質與新戰略之間的差距，使二者重新適應。

　　雖然戰略領導團隊是一個集體，但首要領導者的行為特點會影響乃至決定戰略實施的方法。因此，企業應根據首要領導者行為特點的實際情況來採取不同的戰略實施方法。根據戰略領導人的組織管理技巧，戰略實施通常可以劃分為指令型、轉

化型、合作型、文化型和增長型這五種類型。

1.指令型模式

是指企業主要靠權威、靠發佈各種指令來推動戰略實施的方式。這種模式，要求高層領導擁有大量的準確、有效、完備的信息，從而保證企業的戰略是最佳戰略；要求企業戰略的制定者和執行者的目標函數比較一致，下屬人員已經習慣於集權式管理體制，而且戰略對企業內現行系統不會構成威脅，從而避免體制上的磨擦和下屬人員的暗中抵制。如果不具備這樣的條件，靠這種模式很可能難以成功地實施戰略。

2.轉化型模式

是指高層管理者借助組織結構、激勵手段和控制系統等一套強有力的戰略實施手段來促進戰略實施的方式。與指令型模式相比，它更強調以人為中心進行組織結構的調整，強調對員工應有的激勵，強調建立戰略計劃系統、戰略控制系統和效益評價系統。但是，這種模式仍然沒有解決指令型模式中存在的如何保證信息的數量和品質問題。

3.合作型模式

把參與決策的範圍擴大到企業高層管理集體之中，使高層管理人員發揮其主動性、創造性並進行很好的合作，從而達到協調一致。這種模式，能夠獲取大量信息，集思廣益，能夠克服信息障礙性和認識局限性。但是，合作型模式是具有不同觀點、不同目的、不同利益的參與者相互協商的產物，一旦合作者之間在觀點、目的、利益上的差異太大，就可能會產生分歧甚至摩擦，從而降低戰略實施的經濟合理性。

4.文化型模式

是指通過在整個組織裏灌輸一種適當的文化，以使戰略得到實施的方式。這種模式，把參與決策的範圍擴大到較低的層次，讓企業員工充分地參與各個層次的決策管理，高層領導只起「指導者」的作用，通過反覆不斷地向員工灌輸一系列價值觀念，力圖使整個組織形成共同的戰略目標，從而能保證戰略的順利實施。但是，文化的構造是一項長期、艱巨的系統工程，不可能在短時間內實現。

5.增長型模式

是通過激勵管理人員創造性地制定並實施戰略，充分發揮企業內部的潛能，最終使企業實力得到增長的一種方式。這種模式，不是強調自上而下地推行，而是追求在基層單位的「自主戰略行為」與高層管理控制的「企業整體戰略」之間求得良性平衡，高層領導扮演的只是一個「評判者」的角色，因而往往是在多種戰略方案被它的擁護者提出來時，就事實上已處於實施的過程中了。

這五種戰略實施模式並不是相互排斥的，它們只是形式上有些區別，手段上各有側重罷了。

五、有利於戰略實施的企業文化

在企業戰略管理中，企業戰略與企業文化的關係十分密切。優秀的企業文化能突出企業特色，形成企業成員的共同價值觀念，而且企業具有鮮明的個性，有利於企業制訂出與眾不

同、克敵制勝的戰略。戰略制定以後，可以利用企業文化所具有的導向、約束、凝聚、激勵等功能，統一員工的觀念行為，共同為積極有效地貫徹實施企業戰略而努力奮鬥。當然，企業文化並不總是適應戰略的。當企業制定了新的戰略，並要求企業文化與之相配合時，卻往往由於企業文化的剛性和連續性，使其很難馬上為新戰略作出相應的變革，這時原有的文化就可能成為實施企業新戰略的障礙。因此可以說，企業內部新舊文化更替和協調是戰略實施獲得成功的保證。可把企業文化與企業戰略之間的相互適應性區分為四種組合類型（圖 9-10）。

圖 9-10　企業文化與戰略的相互適應性

企業組織要素的變化	大	II 潛在一致	IV 很不一致
	小	I 一致	III 不很協調
		小	大

────── 企業文化的變化 ──────

「一致」，是指企業實施一個新戰略，企業的組織要素變化不大，而且這些變化與企業原有的文化相一致。在這種情況下，企業應該充分利用目前的有利條件，充分發揮現有內部人員的作用，鞏固和加強原有的企業文化，並通過強化企業文化的影響來推進戰略實施。

「潛在一致」，是指企業實施一個新戰略，企業的組織要素會發生很大變化，但這種變化與原有文化之間具有潛在一致性。在這種情況下，雖然戰略任務發生了變化，但由於這種變

化並沒有從根本上改變企業的性質，而企業的性質是企業文化的基礎，因此，企業應當充分利用這種潛在一致性，在對原有文化進行調整變革時，不要破壞已經形成的核心行為準則，在對各項規章制度進行修訂完善時，不要脫離現有的各項規章，還要充分發揮現有人員在價值觀念和行為方式等方面的示範作用。這樣，企業就可以在保持原有企業核心文化的基礎上成功地實施新戰略。

　　「不很協調」，是指企業實施一個新戰略，企業的組織要素變化不大，但這些要素的變化卻與企業原有文化不很協調。在這種情況下，企業應當在不影響總體文化保持一致的前提下，對某些特殊的業務領域實行不同的文化管理。例如，美國瑞奇公司是一家長期以來專門為高收入階層服務的百貨公司，但在20世紀70年代，公司決定開拓收入較低的中下層顧客的市場。但這個市場的文化要求與公司以往獲得成功的價值觀念和行為準則極不一致，為此，公司決定在零售業中新開一個聯號商店，培育不同的企業文化，獨立經營。結果，公司在兩個市場上都獲得了成功。

　　「很不一致」，是指企業實施一個新戰略，企業的組織要素發生了很大變化，而這些變化與企業原有文化又很不一致。在這種情況下，因為實施新戰略就必須對原有企業文化進行重大變革，而這種變革能否取得預期效果難以預料，風險較大，因此企業首先要重新審視推行新戰略的必要性。如果沒有必要推行新戰略，或者對原有企業文化進行重大變革容易導致失敗，那麼就應維持原有的戰略或制定一種與原有的企業文化相一致

的新戰略；如果確有必要推行與原有文化不一致的新戰略，那麼只好下大力氣進行企業文化的重建工作。

重建企業文化，是一項難度很大的系統工程，費時費力，因此對其艱巨性要有足夠的認識，切不可操之過急。一般地說，改變一個大而複雜的企業的文化要比改變一個小而簡單的企業的文化更加困難，改變一個文化同質性高的企業的文化要比改變一個文化同質性低的企業的文化更加困難。據此，我們用組織大小和複雜性表示企業的人數、結構、產品種類等「體積」因素，用文化的同質性表示企業成員堅持價值觀念和信念的剛性程度，那麼就可得出改變企業原有文化的四種難易狀況。

圖 9-11　改變企業文化的難度

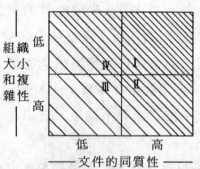

註：線條密度表示改變文化的難度

改變舊文化，重建新文化，通常，急劇的、全面的休克方式難以奏效，而逐步的、細緻入微的漸進方式被證明是可行的。當然，如果採取休克方式的同時，在人事安排上作出重大變更，更換領導人員，聘用新員工，加強教育與培訓，那麼往往也能夠比較迅速地實現企業文化的變革。

　　例如，美國布蘭尼夫公司陷入重重危機之時，正處於正方形的工區域。爲了擺脫困境，該公司放棄了飛機業務，解僱了大部份職工，組織規模和複雜性大大減小。在公司規模縮減到原先的三分之一時，它已進入了正方形的 II 區域。與此同時，工資下降、工人解僱等引起的不安全感和動盪，也破壞了公司文化的同質性。到 1983 年，當海厄特公司收購布蘭尼公司時，布蘭尼公司已落入正方形的III區域。這樣，海厄特公司就很容易將完全不同的文化移植到布蘭尼公司中來。由此可見，要改變企業文化，最好是將企業置於正方形的III區域。重建企業文化，就要在企業文化的方向類型上根據新戰略的要求作出重新選擇。

圖 9-12　企業文化類型示意圖

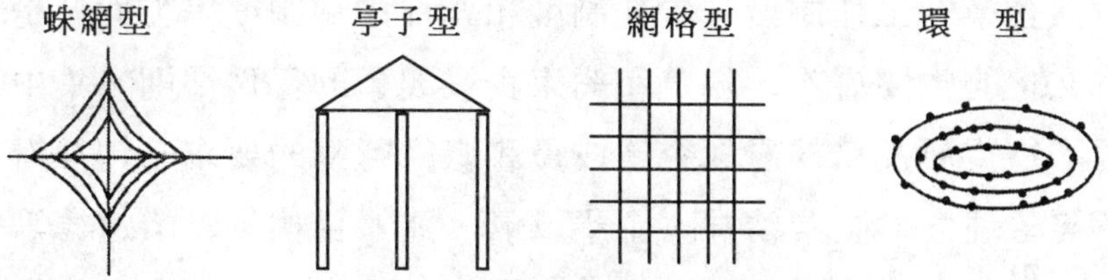

蛛網型	亭子型	網格型	環　型
直線：縱向權力 弧線：橫向交流 中點：權力中心	柱：各種角色	網格：任務團隊	環線：一致同意的 　　　意見 各點：每個成員的 　　　選擇意見

　　從權力分配的角度看，企業文化可以分爲四類（圖 9-12）：一是權力導向型文化，強調權力的支配作用，上級對下級具有絕對的控制權，但距權力中心越遠，權力的影響越弱，其結構類似於蛛網。二是角色導向型文化，強調對企業忠誠奉獻，因事定崗，因崗定人，每個人都是企業不可缺少的重要角色，企

業的正常運行依靠各角色的努力工作，其結構類似於亭子。三是任務導向型文化，強調一切爲完成任務服務，爲了完成任務將資源集中起來，因任務設崗設編，通過各種具體任務的順利完成來實現企業的整體目標，一般適合於環境變動性大的企業，其結構類似於網格。四是員工導向型文化，強調員工參與民主管理與決策的作用，充分尊重員工的行爲選擇，每個人可以根據自己的興趣決定自己的工作，一般存在於俱樂部或會員制組織中，其結構類似於環線。

最後，重建企業文化，必須對物質層、制度層和精神層三個結構層次進行全面重建。物質層包括廠容廠貌、產品外觀包裝、技術設備特性等方面，是企業文化的表層部份，是形成制度層和精神層的條件，反映出企業文化的個性特徵。制度層主要包括企業的工作制度、責任制度和非程序化制度等方面，是企業文化的中間層次，規定和約束企業成員的行爲準則，集中體現了物質層及精神層對企業成員和組織行爲的要求。精神層包括經營理念、企業精神、企業風氣、遠景目標及職業道德等方面，是企業文化的核心與靈魂，是形成物質層和制度層的基礎和原則，是衡量一個企業是否形成企業文化的標誌。因此，重建企業文化時，不能偏廢三個層次中的任何一個，應該通過不同途徑分別採取措施進行全面重建，達到新的協調。

圖 書 出 版 目 錄

下列圖書是由憲業企管顧問(集團)公司所出版,以專業立場,為企業界提供最專業的各種經營管理類圖書。

1. 傳播書香社會,凡向本出版社購買(或郵局劃撥購買),一律 9 折優惠。

   服務電話 (02) 27622241 (03) 9310960 傳真 (02) 27620377

2. 請將書款用 ATM 自動扣款轉帳到我公司下列的銀行帳戶。

   銀行名稱:合作金庫銀行 帳號:5034-717-347447

   公司名稱:憲業企管顧問有限公司

3. 郵局劃撥號碼:18410591 郵局劃撥戶名:憲業企管顧問公司

4. 圖書出版資料隨時更新,請見網站 www.bookstore99.com

5. 電子雜誌贈品 回饋讀者,免費贈送《環球企業內幕報導》電子報,請將你的 e-mail、姓名,告訴我們編輯部郵箱 huang2838@yahoo.com.tw 即可。

經營顧問叢書

4	目標管理實務	320 元		26	松下幸之助經營技巧	360 元
5	行銷診斷與改善	360 元		32	企業併購技巧	360 元
6	促銷高手	360 元		33	新產品上市行銷案例	360 元
7	行銷高手	360 元		46	營業部門管理手冊	360 元
8	海爾的經營策略	320 元		47	營業部門推銷技巧	390 元
9	行銷顧問師精華輯	360 元		52	堅持一定成功	360 元
13	營業管理高手(上)	一套		56	對準目標	360 元
14	營業管理高手(下)	500 元		58	大客戶行銷戰略	360 元
16	中國企業大勝敗	360 元		60	寶潔品牌操作手冊	360 元
18	聯想電腦風雲錄	360 元		71	促銷管理(第四版)	360 元
19	中國企業大競爭	360 元		72	傳銷致富	360 元
21	搶灘中國	360 元		73	領導人才培訓遊戲	360 元
25	王永慶的經營管理	360 元		76	如何打造企業贏利模式	360 元

77	財務查帳技巧	360 元	132	有效解決問題的溝通技巧	360 元
78	財務經理手冊	360 元	133	總務部門重點工作	360 元
79	財務診斷技巧	360 元	135	成敗關鍵的談判技巧	360 元
80	內部控制實務	360 元	137	生產部門、行銷部門績效考核手冊	360 元
81	行銷管理制度化	360 元	138	管理部門績效考核手冊	360 元
82	財務管理制度化	360 元	139	行銷機能診斷	360 元
83	人事管理制度化	360 元	140	企業如何節流	360 元
84	總務管理制度化	360 元	141	責任	360 元
85	生產管理制度化	360 元	142	企業接棒人	360 元
86	企劃管理制度化	360 元	144	企業的外包操作管理	360 元
88	電話推銷培訓教材	360 元	145	主管的時間管理	360 元
90	授權技巧	360 元	146	主管階層績效考核手冊	360 元
91	汽車販賣技巧大公開	360 元	147	六步打造績效考核體系	360 元
92	督促員工注重細節	360 元	148	六步打造培訓體系	360 元
94	人事經理操作手冊	360 元	149	展覽會行銷技巧	360 元
97	企業收款管理	360 元	150	企業流程管理技巧	360 元
98	主管的會議管理手冊	360 元	152	向西點軍校學管理	360 元
100	幹部決定執行力	360 元	153	全面降低企業成本	360 元
106	提升領導力培訓遊戲	360 元	154	領導你的成功團隊	360 元
112	員工招聘技巧	360 元	155	頂尖傳銷術	360 元
113	員工績效考核技巧	360 元	156	傳銷話術的奧妙	360 元
114	職位分析與工作設計	360 元	158	企業經營計劃	360 元
116	新產品開發與銷售	400 元	159	各部門年度計劃工作	360 元
122	熱愛工作	360 元	160	各部門編制預算工作	360 元
124	客戶無法拒絕的成交技巧	360 元	163	只為成功找方法，不為失敗找藉口	360 元
125	部門經營計劃工作	360 元	167	網路商店管理手冊	360 元
127	如何建立企業識別系統	360 元	168	生氣不如爭氣	360 元
128	企業如何辭退員工	360 元	170	模仿就能成功	350 元
129	邁克爾‧波特的戰略智慧	360 元	171	行銷部流程規範化管理	360 元
130	如何制定企業經營戰略	360 元			
131	會員制行銷技巧	360 元			

172	生產部流程規範化管理	360 元	209	鋪貨管理技巧	360 元
173	財務部流程規範化管理	360 元	210	商業計劃書撰寫實務	360 元
174	行政部流程規範化管理	360 元	212	客戶抱怨處理手冊（增訂二版）	360 元
176	每天進步一點點	350 元	214	售後服務處理手冊（增訂三版）	360 元
177	易經如何運用在經營管理	350 元	215	行銷計劃書的撰寫與執行	360 元
178	如何提高市場佔有率	360 元	216	內部控制實務與案例	360 元
180	業務員疑難雜症與對策	360 元	217	透視財務分析內幕	360 元
181	速度是贏利關鍵	360 元	219	總經理如何管理公司	360 元
182	如何改善企業組織績效	360 元	222	確保新產品銷售成功	360 元
183	如何識別人才	360 元	223	品牌成功關鍵步驟	360 元
184	找方法解決問題	360 元	224	客戶服務部門績效量化指標	360 元
185	不景氣時期，如何降低成本	360 元	226	商業網站成功密碼	360 元
186	營業管理疑難雜症與對策	360 元	227	人力資源部流程規範化管理（增訂二版）	360 元
187	廠商掌握零售賣場的竅門	360 元			
188	推銷之神傳世技巧	360 元	228	經營分析	360 元
189	企業經營案例解析	360 元	229	產品經理手冊	360 元
191	豐田汽車管理模式	360 元	230	診斷改善你的企業	360 元
192	企業執行力（技巧篇）	360 元	231	經銷商管理手冊（增訂三版）	360 元
193	領導魅力	360 元	232	電子郵件成功技巧	360 元
194	注重細節（增訂四版）	360 元	233	喬·吉拉德銷售成功術	360 元
197	部門主管手冊（增訂四版）	360 元	234	銷售通路管理實務〈增訂二版〉	360 元
198	銷售說服技巧	360 元			
199	促銷工具疑難雜症與對策	360 元	235	求職面試一定成功	360 元
200	如何推動目標管理（第三版）	390 元	236	客戶管理操作實務〈增訂二版〉	360 元
201	網路行銷技巧	360 元			
202	企業併購案例精華	360 元	237	總經理如何領導成功團隊	360 元
204	客戶服務部工作流程	360 元	238	總經理如何熟悉財務控制	360 元
205	總經理如何經營公司(增訂二版)	360 元	239	總經理如何靈活調動資金	360 元
206	如何鞏固客戶（增訂二版）	360 元	240	有趣的生活經濟學	360 元
207	確保新產品開發成功(增訂三版)	360 元	241	業務員經營轄區市場（增訂二版）	360 元
208	經濟大崩潰	360 元			

242	搜索引擎行銷	360 元
243	如何推動利潤中心制度（增訂二版）	360 元
244	經營智慧	360 元
245	企業危機應對實戰技巧	360 元
246	行銷總監工作指引	360 元
247	行銷總監實戰案例	360 元
248	企業戰略執行手冊	360 元
249	大客戶搖錢樹	360 元

《商店叢書》

4	餐飲業操作手冊	390 元
5	店員販賣技巧	360 元
9	店長如何提升業績	360 元
10	賣場管理	360 元
11	連鎖業物流中心實務	360 元
12	餐飲業標準化手冊	360 元
13	服飾店經營技巧	360 元
14	如何架設連鎖總部	360 元
18	店員推銷技巧	360 元
19	小本開店術	360 元
20	365 天賣場節慶促銷	360 元
21	連鎖業特許手冊	360 元
23	店員操作手冊（增訂版）	360 元
25	如何撰寫連鎖業營運手冊	360 元
26	向肯德基學習連鎖經營	350 元
28	店長操作手冊（增訂三版）	360 元
29	店員工作規範	360 元
30	特許連鎖業經營技巧	360 元
32	連鎖店操作手冊（增訂三版）	360 元
33	開店創業手冊〈增訂二版〉	360 元
34	如何開創連鎖體系〈增訂二版〉	360 元
35	商店標準操作流程	360 元
36	商店導購口才專業培訓	360 元
37	速食店操作手冊〈增訂二版〉	360 元
38	網路商店創業手冊〈增訂二版〉	360 元

《工廠叢書》

1	生產作業標準流程	380 元
5	品質管理標準流程	380 元
6	企業管理標準化教材	380 元
9	ISO 9000 管理實戰案例	380 元
10	生產管理制度化	360 元
11	ISO 認證必備手冊	380 元
12	生產設備管理	380 元
13	品管員操作手冊	380 元
15	工廠設備維護手冊	380 元
16	品管圈活動指南	380 元
17	品管圈推動實務	380 元
20	如何推動提案制度	380 元
24	六西格瑪管理手冊	380 元
29	如何控制不良品	380 元
30	生產績效診斷與評估	380 元
31	生產訂單管理步驟	380 元
32	如何藉助 IE 提升業績	380 元
34	如何推動 5S 管理（增訂三版）	380 元
35	目視管理案例大全	380 元
38	目視管理操作技巧（增訂二版）	380 元
39	如何管理倉庫（增訂四版）	380 元
40	商品管理流程控制（增訂二版）	380 元
42	物料管理控制實務	380 元

43	工廠崗位績效考核實施細則	380 元
46	降低生產成本	380 元
47	物流配送績效管理	380 元
49	6S 管理必備手冊	380 元
50	品管部經理操作規範	380 元
51	透視流程改善技巧	380 元
55	企業標準化的創建與推動	380 元
56	精細化生產管理	380 元
57	品質管制手法〈增訂二版〉	380 元
58	如何改善生產績效〈增訂二版〉	380 元
59	部門績效考核的量化管理〈增訂三版〉	380 元
60	工廠管理標準作業流程	380 元
61	採購管理實務〈增訂三版〉	380 元
62	採購管理工作細則	380 元
63	生產主管操作手冊(增訂四版)	380 元

《醫學保健叢書》

1	9 週加強免疫能力	320 元
2	維生素如何保護身體	320 元
3	如何克服失眠	320 元
4	美麗肌膚有妙方	320 元
5	減肥瘦身一定成功	360 元
6	輕鬆懷孕手冊	360 元
7	育兒保健手冊	360 元
8	輕鬆坐月子	360 元
9	生男生女有技巧	360 元
10	如何排除體內毒素	360 元
11	排毒養生方法	360 元

12	淨化血液　強化血管	360 元
13	排除體內毒素	360 元
14	排除便秘困擾	360 元
15	維生素保健全書	360 元
16	腎臟病患者的治療與保健	360 元
17	肝病患者的治療與保健	360 元
18	糖尿病患者的治療與保健	360 元
19	高血壓患者的治療與保健	360 元
21	拒絕三高	360 元
22	給老爸老媽的保健全書	360 元
23	如何降低高血壓	360 元
24	如何治療糖尿病	360 元
25	如何降低膽固醇	360 元
26	人體器官使用說明書	360 元
27	這樣喝水最健康	360 元
28	輕鬆排毒方法	360 元
29	中醫養生手冊	360 元
30	孕婦手冊	360 元
31	育兒手冊	360 元
32	幾千年的中醫養生方法	360 元
33	免疫力提升全書	360 元
34	糖尿病治療全書	360 元
35	活到 120 歲的飲食方法	360 元
36	7 天克服便秘	360 元
37	為長壽做準備	360 元

《幼兒培育叢書》

1	如何培育傑出子女	360 元
2	培育財富子女	360 元
3	如何激發孩子的學習潛能	360 元

4	鼓勵孩子	360 元
5	別溺愛孩子	360 元
6	孩子考第一名	360 元
7	父母要如何與孩子溝通	360 元
8	父母要如何培養孩子的好習慣	360 元
9	父母要如何激發孩子學習潛能	360 元
10	如何讓孩子變得堅強自信	360 元

《成功叢書》

1	猶太富翁經商智慧	360 元
2	致富鑽石法則	360 元
3	發現財富密碼	360 元

《企業傳記叢書》

1	零售巨人沃爾瑪	360 元
2	大型企業失敗啓示錄	360 元
3	企業併購始祖洛克菲勒	360 元
4	透視戴爾經營技巧	360 元
5	亞馬遜網路書店傳奇	360 元
6	動物智慧的企業競爭啓示	320 元
7	CEO 拯救企業	360 元
8	世界首富　宜家王國	360 元
9	航空巨人波音傳奇	360 元
10	傳媒併購大亨	360 元

《智慧叢書》

1	禪的智慧	360 元
2	生活禪	360 元
3	易經的智慧	360 元
4	禪的管理大智慧	360 元
5	改變命運的人生智慧	360 元
6	如何吸取中庸智慧	360 元

7	如何吸取老子智慧	360 元
8	如何吸取易經智慧	360 元
9	經濟大崩潰	360 元
10	有趣的生活經濟學	360 元

《DIY 叢書》

1	居家節約竅門 DIY	360 元
2	愛護汽車 DIY	360 元
3	現代居家風水 DIY	360 元
4	居家收納整理 DIY	360 元
5	廚房竅門 DIY	360 元
6	家庭裝修 DIY	360 元
7	省油大作戰	360 元

《傳銷叢書》

4	傳銷致富	360 元
5	傳銷培訓課程	360 元
7	快速建立傳銷團隊	360 元
9	如何運作傳銷分享會	360 元
10	頂尖傳銷術	360 元
11	傳銷話術的奧妙	360 元
12	現在輪到你成功	350 元
13	鑽石傳銷商培訓手冊	350 元
14	傳銷皇帝的激勵技巧	360 元
15	傳銷皇帝的溝通技巧	360 元
16	傳銷成功技巧（增訂三版）	360 元
17	傳銷領袖	360 元

《財務管理叢書》

1	如何編制部門年度預算	360 元
2	財務查帳技巧	360 元
3	財務經理手冊	360 元
4	財務診斷技巧	360 元

5	內部控制實務	360 元
6	財務管理制度化	360 元
8	財務部流程規範化管理	360 元
9	如何推動利潤中心制度	360 元

《培訓叢書》

4	領導人才培訓遊戲	360 元
8	提升領導力培訓遊戲	360 元
11	培訓師的現場培訓技巧	360 元
12	培訓師的演講技巧	360 元
14	解決問題能力的培訓技巧	360 元
15	戶外培訓活動實施技巧	360 元
16	提升團隊精神的培訓遊戲	360 元
17	針對部門主管的培訓遊戲	360 元
18	培訓師手冊	360 元
19	企業培訓遊戲大全（增訂二版）	360 元
20	銷售部門培訓遊戲	360 元
21	培訓部門經理操作手冊（增訂三版）	360 元

為方便讀者選購，本公司將一部分上述圖書又加以專門分類如下：

《企業制度叢書》

1	行銷管理制度化	360 元
2	財務管理制度化	360 元
3	人事管理制度化	360 元
4	總務管理制度化	360 元
5	生產管理制度化	360 元
6	企劃管理制度化	360 元

《主管叢書》

| 1 | 部門主管手冊 | 360 元 |
| 2 | 總經理行動手冊 | 360 元 |

4	生產主管操作手冊	380 元
5	店長操作手冊（增訂版）	360 元
6	財務經理手冊	360 元
7	人事經理操作手冊	360 元
8	行銷總監工作指引	360 元
9	行銷總監實戰案例	360 元

《總經理叢書》

1	總經理如何經營公司(增訂二版)	360 元
2	總經理如何管理公司	360 元
3	總經理如何領導成功團隊	360 元
4	總經理如何熟悉財務控制	360 元
5	總經理如何靈活調動資金	360 元

《人事管理叢書》

1	人事管理制度化	360 元
2	人事經理操作手冊	360 元
3	員工招聘技巧	360 元
4	員工績效考核技巧	360 元
5	職位分析與工作設計	360 元
6	企業如何辭退員工	360 元
7	總務部門重點工作	360 元
8	如何識別人才	360 元
9	人力資源部流程規範化管理（增訂二版）	360 元

《理財叢書》

1	巴菲特股票投資忠告	360 元
2	受益一生的投資理財	360 元
3	終身理財計劃	360 元
4	如何投資黃金	360 元
5	巴菲特投資必贏技巧	360 元
6	投資基金賺錢方法	360 元
7	索羅斯的基金投資必贏忠告	360 元

8	巴菲特為何投資比亞迪	360 元

《網路行銷叢書》

1	網路商店創業手冊〈增訂二版〉	360 元
2	網路商店管理手冊	360 元
3	網路行銷技巧	360 元
4	商業網站成功密碼	360 元
5	電子郵件成功技巧	360 元
6	搜索引擎行銷	360 元

《經濟計畫叢書》

1	企業經營計劃	360 元
2	各部門年度計劃工作	360 元
3	各部門編制預算工作	360 元
4	經營分析	360 元
5	企業戰略執行手冊	360 元

《經濟叢書》

1	經濟大崩潰	360 元
2	石油戰爭揭秘(即將出版)	

建立企業圖書館

當市場競爭激烈時：

培訓員工，強化員工競爭力 是企業最佳對策

「人才」是企業最大的財富。如何提升人才，是企業永續經營、戰勝對手的核心競爭力。積極培訓公司內部員工，是經濟不景氣時期的最佳戰略，而最快速的具體作法，就是**「建立企業內部圖書館，鼓勵員工多閱讀、多進修專業書藉」**

建議您：請一次購足本公司所出版各種經營管理類圖書，作為貴公司內部員工培訓圖書。（使用率高的，準備多本；使用率低的，只準備一本。）

回饋讀者，免費贈送《環球企業內幕報導》或《發現幸福》電子報，請將你的姓名、選擇贈品（二選一），發 e-mail，告訴我們 huang2838@yahoo.com.tw 即可。

經營顧問叢書 ㉘　　　　　　　售價：360 元

企業戰略執行手冊

西元二〇一〇年十一月　　　　　　　　　初版一刷

編著：蔡廣福

策劃：麥可國際出版有限公司（新加坡）

編輯：蕭玲

校對：焦俊華

發行人：黃憲仁

發行所：憲業企管顧問有限公司

電話：(02) 2762-2241　　(03) 9310960　　0930872873

臺北聯絡處：臺北郵政信箱第 36 之 1100 號

銀行 ATM 轉帳：合作金庫銀行　　帳號：5034-717-347447

郵政劃撥：18410591　　憲業企管顧問有限公司

江祖平律師顧問：紙品書、數位書著作權與版權均歸本公司所有

登記證：行政業新聞局版台業字第 6380 號

本公司徵求海外版權出版代理商 (0930872873)

ISBN：978-986-6421-80-8

擴大編制，誠徵新加坡、臺北編輯人員，請來函接洽。